U0311436

国家示范校建设计算机系列规划教材

编委会

国家示范校建设计算机系列规划教材

网络维护

主　编　程勇军
副主编　徐务棠　梁国文
参　编　肖志舟　朱建军

暨南大學出版社
JINAN UNIVERSITY PRESS

中国·广州

图书在版编目（CIP）数据

网络维护/程勇军主编．—广州：暨南大学出版社，2014.5
（国家示范校建设计算机系列规划教材）
ISBN 978－7－5668－0968－1

Ⅰ.①网…　Ⅱ.①程…　Ⅲ.①计算机网络—计算机维护—高等学校—教材
Ⅳ.①TP393.07

中国版本图书馆 CIP 数据核字（2014）第 055046 号

出版发行：暨南大学出版社

地　址：中国广州暨南大学
电　话：总编室（8620）85221601
营销部（8620）85225284　85228291　85228292（邮购）
传　真：（8620）85221583（办公室）　85223774（营销部）
邮　编：510630
网　址：http：//www.jnupress.com　http：//press.jnu.edu.cn

排　版：广州市天河星辰文化发展部照排中心
印　刷：广东广州日报传媒股份有限公司印务分公司

开　本：787mm×1092mm　1/16
印　张：6
字　数：94 千
版　次：2014 年 5 月第 1 版
印　次：2014 年 5 月第 1 次

定　价：20.00 元

总　序

当前，提高教育教学质量已成为我国职业教育的核心问题，而教育教学质量的提高与中职学校内部的诸多因素有关，如办学理念、师资水平、课程体系、实践条件、生源质量以及教学评价等等。在这些影响因素中，无论从教学理论还是从教育实践来看，课程都是一个非常重要的因素。课程作为学校向学生提供教育教学服务的产品，不但对教学质量起着关键作用，而且也决定着学校核心竞争力和可持续发展能力。

“国家中等职业教育改革发展示范学校建设计划”的启动，标志着我国职业教育进入了一个前所未有的重要的改革阶段，课程建设与教学改革再次成为中职学校建设和发展的核心工作。广州市轻工高级技工学校作为“国家中等职业教育改革发展示范学校建设计划”的第二批立项建设单位，在“校企双制、工学结合”理念的指导下，经过两年的大胆探索与尝试，其重点专业的核心课程从教学模式到教学方法、从内容选择到评价方式等都发生了重大的变革；在一定程度上解决了长期以来困扰职业教育的两个重要问题，即课程设置、教学内容与企业需求相脱离，教学模式、教学方法与学生能力相脱离的问题；特别是在课程体系重构、教学内容改革、教材设计与编写等方面取得了可喜的成果。

广州市轻工高级技工学校计算机网络技术专业是国家示范性重点建设专业，采用目前先进的职业教育课程开发技术——工作过程导向的“典型工作任务分析法”（BAG）和“实践专家访谈会”（EXWOWO），通过整体化的职业资格研究，按照“从初学者到专家”的职业成长的逻辑规律，重新构建了学习领域模式的专业核心课程体系。在此基础上，将若干学习领域课程作为试点，开展了工学结合一体化课程实施的探索，设计并编写了用于帮助学生自主学习的学习材料——工作页。工作页作为学习领域课程教学实施中学生所使用的主要材料，能有效地帮助学生完成学习任务，实现了学习内容与职业工作的成功对接，使工学结合的理论实践一体化教学成为可能。

同时，从书所承载的编写理念与思路、体例与架构、技术与方法，希望能为我国职业学校的课程与教学改革以及教材建设提供可供借鉴的思路与范式，起到一定的示范作用！

编委会

2014 年 3 月

目 录

学习情境一

计算机实训室网络维护

学习目标◎

1. 能说出实训室网络维护的流程；
2. 能绘制出实训室的网络拓扑图；
3. 能运用网络实训工具开展网络故障维护；
4. 能总结出实训室网络维护预案及保养方法。

内容结构

1. 通过与计算机实训室使用者们进行沟通，了解其网络维护需求信息。

2. 根据了解到的需求信息，进行详细的需求分析。

3. 根据需求分析结果，对计算机实训室的网络维护进行总体设计。计算机实训室的网络维护主要包括以下三大方面：①物理安全的维护；②设置安全的维护；③软件系统安全防护。

4. 针对总体设计的结果进行详细设计，即根据物理安全的维护、设置安全的维护和软件系统安全防护的具体内容确立可实施和可操作的维护方案。

5. 网络维护测试，组织验收。

情境描述

随着学校实训室的建设完善，计算机实训室的数量越来越多，如何合理管理实训室的网络环境、合理管理新旧硬件设备、及时响应维护请求，已成为计算机网络管理员一个必备的技能。

现在以广州轻工技师学院的17间计算机实训室为工作场地，实地开展计算机实训室的网络维护工作。

时间安排表

课时	工作安排	考核结果	备注
1	划分工作小组，下发任务书，解读任务书		好的团队是成功的开始
2	知识引入——如何保障网络正常运作		
1	针对任务进行用户需求收集，并进行需求分析		
2	绘制实训室现有网络拓扑图		合理分析的必备条件
2	实训室网络拓扑图标记		
1	整理实训室网络故障排除方法		教师评价
2	实施实训室网络维护计划，并验收		实施过程评价
1	制订维护预案及保养方法，并展示		学习效果评价

第一部分　学习准备

一、物理设备的维护

如何对计算机硬件设备进行维护？请查找相关资料，复习巩固硬件的一般维护方法，并将重点维护方法记录在下面：

____

____

____

二、软件设置的维护

复习 Windows 操作系统常用的安装与维护方法，常用的工具软件安装与维护的方法，并将重点软件维护方法记录在下面：

三、软件系统安全防护

通过查找资料，找出计算机实训室需要注意的系统安全问题，如何采用软件和硬件设备进行安全防范？常用的杀毒软件和防火墙设备有哪些？

四、网络故障维护

如何保障网络正常运作？请详读下面网络故障排除的一般顺序，在重点内容上画线，并总结出网络故障维护最主要的方法。

解决网络问题的一般顺序

检查网络问题有一定的操作步骤，如果方法得当，在处理故障的时候就会少走很多弯路。

首先，询问用户，了解他们遇到了什么故障，他们认为是哪里出了问题。用户是故障信息的主要来源，毕竟是他们在每天使用网络，而且他们所遇到的故障现象最明显、最直接。

其次，如果可能，询问一起做管理的同事，有多少用户受到了影响？受影响的用户有什么共同点？发生的故障是持续的还是间歇的？在故障发生之前，是否对局域网中的设备和软件进行了改动？办公楼是否在装修或施工？是不是停过电？以前是不是有同样的问题出现？

最后，对收集到的信息进行整理和分类，找出引发问题的若干可能。对故障的排除进行分析，想好从哪里入手，哪些故障需要先排除。对要处理的问题心中有数，行动起来才会有的放矢，不会顾此失彼。根据故障分析，把认为可能的故障点隔离出来，然后对可能故障点进行逐个排除。例如，在处理某台电脑不能联网的问题时，我们可以用交叉电缆直接连接两台电脑，看是否能够连通，将电脑与网络设备隔离开来，判断是电脑的问题还是网络设备的问题。

主要的网络故障维护方法总结：

第二部分　计划与实施

第一步　需求分析

针对任务进行用户需求收集，并进行需求分析。

一、故障处理流程

请参考下面的故障处理流程图（图 1－1），经小组讨论后制作符合本校计算机实训室保障的处理流程图。

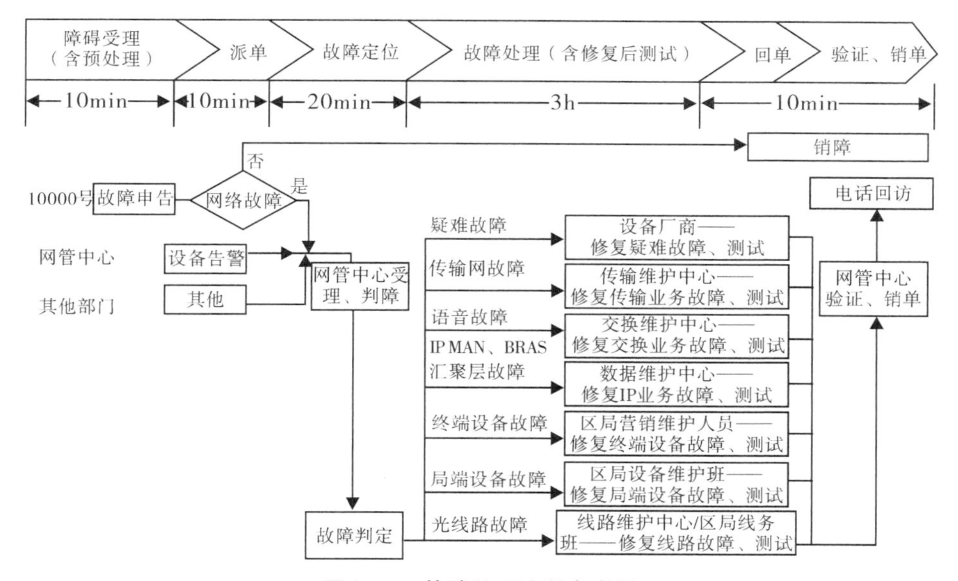

图 1－1　故障处理流程参考图

二、日常维护

本校实训室的日常维护需要包括哪些方面的要求？例如机器的检查、关闭、开启、设备完好检查等，请小组共同分析之后，填写在下面横线上。

三、紧急维护处理流程

在教师平时上课过程中，若设备突然出现故障，会通过各种方式通知管理人员来维修，这样的处理流程跟传统的设备检修流程会不一样。例如：电话、短信接收保障→询问故障情况→做出初步判断→现场分析→做出处理决策→实施故障解决→简单验收→入档管理，总结经验，列为日后维护重点。

请根据实际工作经验，讨论并制定出更合适的紧急维护处理流程，并写出让教师得到紧急协助的指引。

第二步　工作实施

一、绘制现有实训室设备平面布局图

可参考图 1 - 2，采用 Microsoft Office Visio 软件绘制。

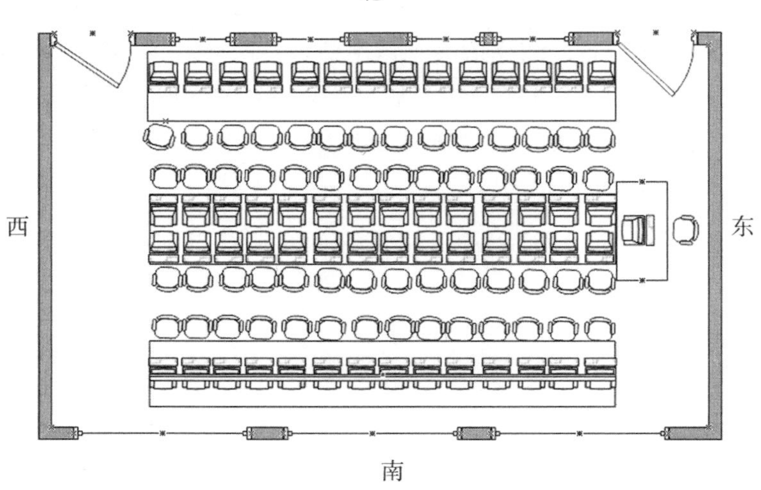

图 1 - 2　平面布局参考图

二、计算机实训室网络物理拓扑图绘制

在平面布局图的基础上，用 Microsoft Office Visio 绘制出计算机实训室网络设备物理拓扑图，可参考图 1－3。

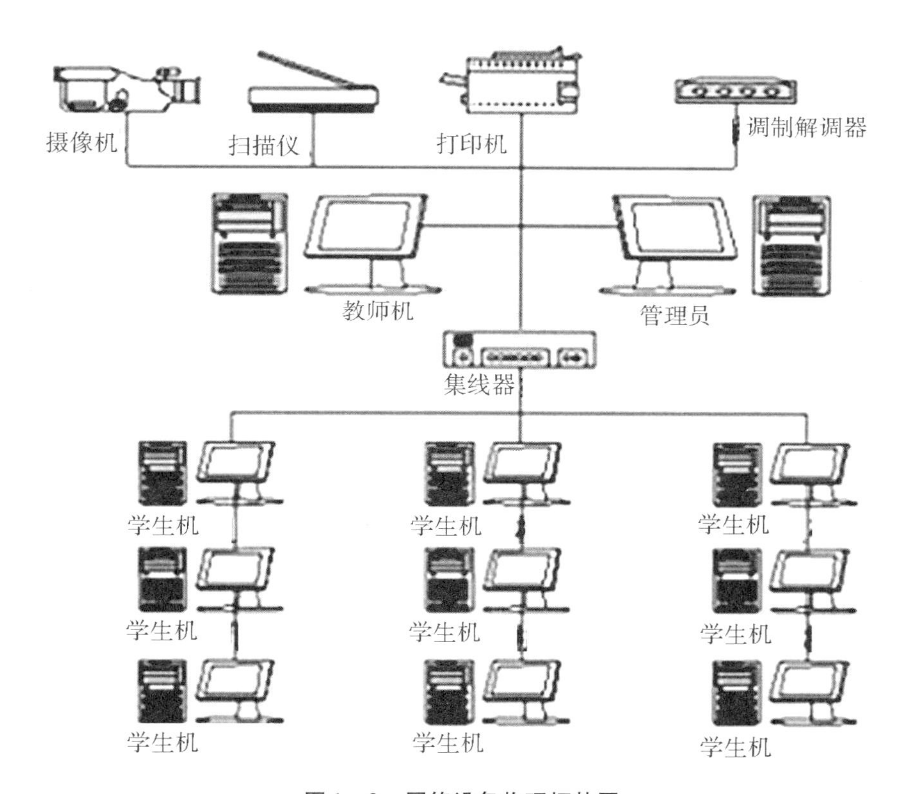

图 1－3　网络设备物理拓扑图

三、实验室网络逻辑拓扑图绘制

绘制好物理拓扑图后，要根据网络设备的具体类型，分析并绘制出网络逻辑拓扑图，可参考图1－4。

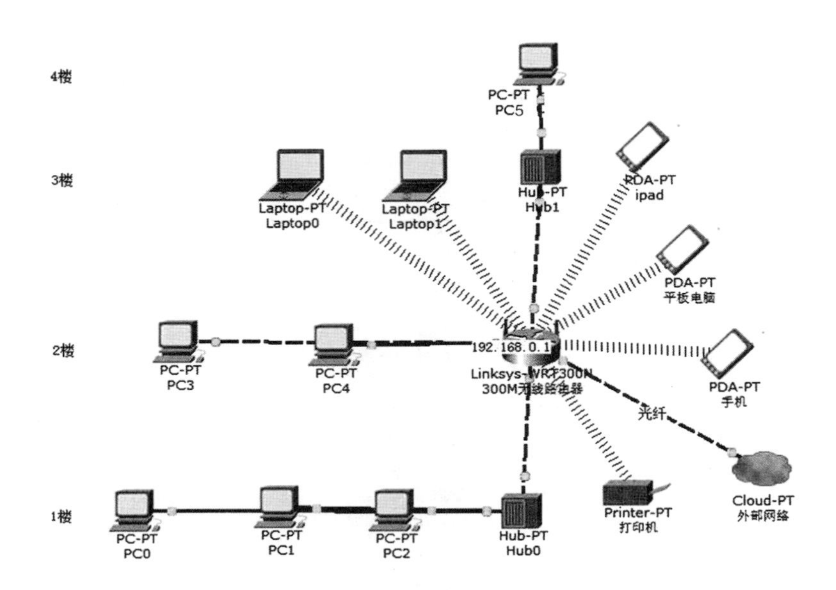

图1－4　逻辑拓扑参考图

第三步　设计维护方案

请设计计算机实训室网络维护方案：

第四步　网络组建方案的实施

请制订计算机实训室网络维护实施性维护计划：

实施步骤 1：

____

____

____

实施步骤 2：

____

____

____

实施步骤 3：

____

____

____

实施步骤 4：

____

____

____

第五步　工作情况记录

下面有三份表格，请根据实际的工作情况填写工作记录，交给教师审核并签名。

表 1－1　专业实训室检查维护登记表

实训室名称：____________

<table>
<tr><td>实训班级</td><td colspan="2"></td><td>使用
日期</td><td colspan="2">年　月　日</td><td>使用时间</td><td colspan="2">第（　）周
第（　）节</td></tr>
<tr><td>实训内容</td><td colspan="3"></td><td>应到
人数</td><td colspan="2"></td><td>实到
人数</td><td></td></tr>
</table>

（续上表）

工位号	学生签名	设备状况	备注	工位号	学生签名	设备状况	备注
1		□正常 □异常		21		□正常 □异常	
2		□正常 □异常		22		□正常 □异常	
3		□正常 □异常		23		□正常 □异常	
4		□正常 □异常		24		□正常 □异常	
5		□正常 □异常		25		□正常 □异常	
6		□正常 □异常		26		□正常 □异常	
7		□正常 □异常		27		□正常 □异常	
8		□正常 □异常		28		□正常 □异常	
9		□正常 □异常		29		□正常 □异常	
10		□正常 □异常		30		□正常 □异常	
11		□正常 □异常		31		□正常 □异常	
12		□正常 □异常		32		□正常 □异常	
13		□正常 □异常		33		□正常 □异常	
14		□正常 □异常		34		□正常 □异常	
15		□正常 □异常		35		□正常 □异常	
16		□正常 □异常		36		□正常 □异常	
17		□正常 □异常		37		□正常 □异常	
18		□正常 □异常		38		□正常 □异常	
19		□正常 □异常		39		□正常 □异常	
20		□正常 □异常		40		□正常 □异常	
设备运行情况	设备总台数： 待修设备总数： 设备完好率（%）： 实训教师签名： 日期：						
维修保养记录	实训室管理员签名： 日期：						

表 1－2　实训设备检查情况表

所属组：＿＿＿＿＿＿＿　　检查人：＿＿＿＿＿＿＿＿＿＿＿

实训室名称：＿＿＿＿＿　　检查时间：＿＿＿＿＿＿（第　周）

设备（场地）名称	检查记录	异常情况跟进记录	跟进日期
组长审核记录	签名：　日期：		
教师审核情况记录	签名：　日期：		

表 1－3　实训场地检查情况表

所属组：＿＿＿＿＿　检查人：＿＿＿＿＿　检查时间：＿＿＿＿＿＿（第　周）

实训室	检查记录	设备完好率（%）	异常情况跟进记录	跟进日期

（续上表）

组长审核记录	签名：　　　　　　日期：
教师审核情况记录	签名：　　　　　　日期：

第六步　工作任务验收展示与评价

一、制订维护预案及保养方法

请参考以下内容，制订出适合本校实训室的维护预案。

（一）设备维护守则

（1）使用人员必须熟悉系统和设备的技术结构、主要功能、主要性能指标和使用方法，严格遵守系统和设备的操作规程。

（2）各类设备在开机前，必须检查环境条件、电源电压和连接线缆等，符合要求后方可开机。开机必须按规定的顺序和操作规程进行，并待设备稳定后方能进行工作。

（3）设备如需关机，每次关机前，必须先保存当前运行日志，检查设备的运行状态，按要求的顺序关机，并填写操作记录。

（4）当设备在运行中发生故障时，必须报告相关领导，认真记录故障现象，保护故障现场，并请维修人员检查。

（5）所有设备必须定期进行维护保养，长期不用的库存设备必须定期加电检修。

（二）预防性维护保养守则

预防性维护保养是指通过合理选择良好的工作环境，掌握正确的操作使用方法和规程，建立、健全各项规章制度，做好日常维护保养工作，主动捕捉故障异常现象，改善系统固有的可靠性指标，减少系统的故障发生率，确保系统的长期可靠运行，延长机器设备的使用寿命。

预防性维护保养的主要内容：

（1）加强机房建设与管理，确保机器运行处于良好的环境中。

（2）定期（至少在7个工作日内）检查地线系统和电源供电设备。

（3）建立完整的设备维修档案，每周要调阅各类机器记录进行分析比较，捕捉故障苗头，及时采取措施。

（4）加强现场观察，捕捉异常现象。从设备启动、停止的现象，正常运行时的噪声，设备上指示灯的状态，以及设备发热程度等方面捕捉可能发生故障的异常现象。

（5）做好故障情报工作，审定各种可能发生的故障的处理方案。

（6）按时更换或调整某些元器件或零部件。

（7）认真做好日常的例行性维护和测试。

（8）建立预防性维护的有关制度。例如：机房各类人员的技术岗位责任制度，系统和设备的运行情况记录制度，系统故障及异常情况的登记报告制度，设备维修过程的记录及文档整理、归档制度，零部件和易损件的保管及请领、汇报制度等。

（三）定期常规维护守则

定期常规维护是为保证设备正常运行而定期进行的日常维修保养。

（1）日维护的主要工作是：①开机前检查机器运行的环境条件是否满足要求；②电源电压是否正常；③机器设备的开关、连线、插头插座等是否正常，有无错位或松动；④开机后检查设备的各种指示和运行状况是否正常；⑤做好设备清洁工作。

（2）周维护的主要工作是：①清除设备表面灰尘和保证机内卫生；②检查设备主要性能，发现问题及时解决或通知维修部门解决；③清理磁盘空间，删除过期文件。

（3）月维护的主要工作有：①运行诊断程序或用仪表对设备进行全面、认真检查，调整机器有关参数和指标；②用吸尘器清洁机内灰尘；③对电源、空调系统、接地系统等运行环境进行系统检修。

（4）年维护的主要工作有：①清除工作间地板下和走槽里的灰尘，检查线缆的完好性和隔离性，更换老化、变质和绝缘不好的线缆；②检查机房内的防火、防水、防盗等设施和安全警报装置；③全面检查电源、空调、接地等系统并进行全面检修；④对设备的软、硬件性能进行全面测试，调整有关参数，并按上级统一要求进行系统参数的调整；⑤校正各种设备仪表等。

广州轻工技师学院计算机实训室网络维护预案及保养方法

二、制定计算机实训室管理制度

请根据实地调查并参考相关制度，制定适合于计算机管理实训室的制度文件，参考下面文件格式，填写每个要点的内容。

（一）目的

为规范实训室管理维护，保证实训教学的顺利进行，保证师生的实训安全和教学质量，特制定本制度。

（二）适用范围

适用于本校计算机实训室的管理控制。

（三）方法与要求

1. 总则

____

____

____

2. 管理原则

3. 日常管理

4. 设备故障管理

5. 物资及设备管理

6. 安全管理

以小组为单位，将设计的方案和实施的效果拍成照片，制作成 ppt 进行方案展示，各组给予点评，教师也为每组作品评价。

第三部分　总结与反馈

一、工作过程经验记录与总结

工作过程经验记录与总结如表 1 –4 所示。

表 1 – 4　工作过程经验记录与总结

笔记	
自我评价	任务实施情况，请自我评价__________ A. 非常好（91 ~ 100 分）　B. 比较好（81 ~ 90 分）　C. 一般（66 ~ 80 分） D. 不太好（51 ~ 65 分）　E. 基本完成不了（50 分或以下）
任务总结	在这次的任务学习中，你遇到什么困难？在哪些方面需要进一步改进？

签名：　　　　　日期：

二、学业评价表（工作验收标准）

“计算机实训室网络维护”学业评价表如表 1 –5 所示。

表 1 –5　“计算机实训室网络维护”学业评价表

考核项目	考核内容	配分	考核要求及评分标准	得分
学习准备	物理维护知识	16 分	完成情况	
	软件维护知识		完成情况	
计划与实施	需求分析	74 分	分析情况	
	工作实施		完成情况	
	设计维护方案		根据任务完成情况	
	网络组建方案		根据任务完成情况	
总结与展示	结果展示	10 分	展示效果	
总分			组长签名：	

三、工作任务书

“计算机实训室网络维护”工作任务书如表 1 –6 所示。

表 1 –6　“计算机实训室网络维护”工作任务书

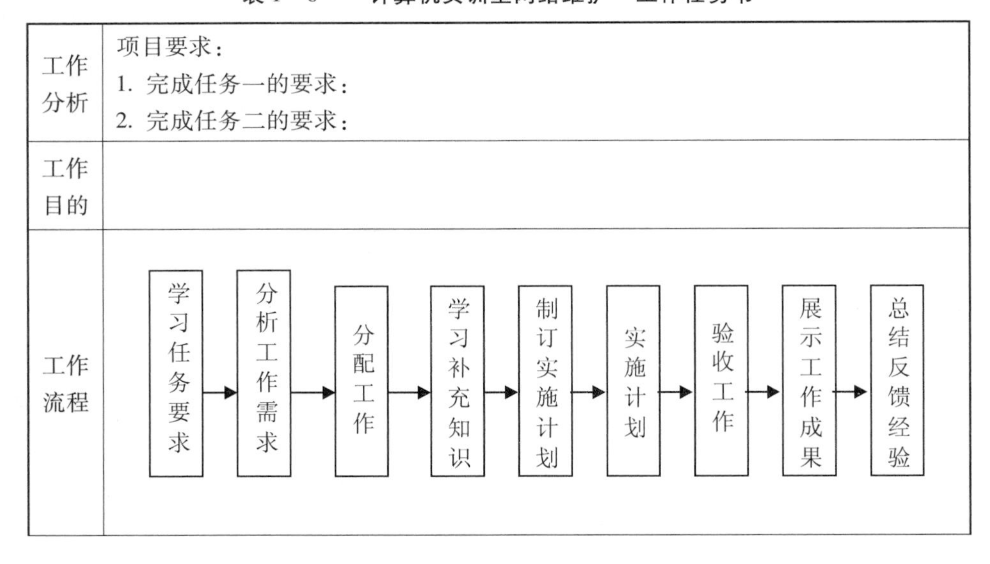

工作分析	项目要求： 1. 完成任务一的要求： 2. 完成任务二的要求：
工作目的	
工作流程	学习任务要求 → 分析工作需求 → 分配工作 → 学习补充知识 → 制订实施计划 → 实施计划 → 验收工作 → 展示工作成果 → 总结反馈经验

（续上表）

工作子任务	任务一： 任务二： 任务三：
成绩考核	注意：按照成绩评分标准进行考核。
学习纪要	1. 在工作中遇到哪些问题？如何解决？ 2. 在完成这个项目时，都做了哪些工作，工作步骤是什么？ 3. 您对完成此项目有何建议？
自评成绩	

学习情境二

学校行政办公室网络维护

学习目标◎

随着计算机网络的广泛应用及其迅猛发展，各种网络故障也越来越多，学校行政办公室的网络也不例外。因此，重视学校行政办公室网络的常见故障类型，在常见故障分类的基础上排除安全隐患，针对故障类型制订相应的解决方案，已成为计算机网络管理员的必备技能。在日常维护工作中，要注意先逻辑故障预防后物理故障预防，同时必须坚持多角度、全方位的测试和分析。在学校行政办公室网络的日常维护中，多方面考虑才能保证网络的安全稳定运行。

1. 根据参考资料，能够制定学校行政办公室网络维护的管理章程；
2. 能说出学校行政办公室网络维护的流程；
3. 能熟悉学校行政办公室网络的结构布局和网络的运行情况；
4. 能认真研读学校行政办公室网络拓扑图，详细了解整个网络所涉及的网络设备以及物理链路；
5. 能运用网络实训工具开展网络故障维护；
6. 能总结出实训室网络维护预案及保养方法。

内容结构

1. 与学校行政办公室使用者等进行沟通并了解其网络维护需求信息。

2. 根据了解到的需求信息，进行详细的需求分析。

3. 根据需求分析结果，对学校行政办公室网络维护进行总体设计，即主要有以下几方面：①日常维护；②故障诊断；③做好故障及维修记录；④系统及软件故障解决；⑤硬件送修。

4. 针对总体设计的结果进行详细设计并确立可实施和可操作的维护方案。

5. 网络维护测试，组织验收。

情境描述

随着学校的不断发展壮大，行政办公自动化的服务水平和要求也越来越高，有效地维护学校行政办公室的网络是学校信息技术服务的一个重要工作。现以广州轻工技师学院的行政办公室为服务对象，实地开展网络维护工作。

时间安排表

课时	工作安排	考核结果	备注
2	划分工作小组，下发任务书，解读任务书		好的团队是成功的开始
4	知识引入——如何保障网络正常运作		
4	网络维护管理条例的拟定		
2	针对任务进行用户需求收集，并进行需求分析		
4	绘制学校行政办公室网络拓扑图		合理分析的必备条件
2	行政办公室网络维护中的故障诊断步骤学习		
2	网络故障排除方法和原则的整理		教师评价
4	制订一个可实施的故障诊断方案，并展示		学习效果评价

第一部分　学习准备

第一步　知识准备

一、了解办公室网络管理条例

另附文件，见附件一“办公室网络管理条例”。

二、熟悉学校行政办公室网络设备及主机详情

（1）对网络设备的上、下联设备各是哪些设备，具体位置在哪里等，要做到心中有数；

（2）熟悉网络正常运行时的状态、使用效率以及网络资源的分配情况等；

（3）明确需要添加哪些新设备或资源，当网络出现不稳定因素时，能够快速分析出故障原因等，便于更好地做好后期维护工作；

（4）熟悉每一台主机、打印机和笔记本的详细配置清单。

三、局域网的排障工具

（一）网线测试工具

1. 网线检查器

（1）网线检查器只能检查网线是否还能提供连接，原理是在网线的一端为每根导线提供一个小的电压，然后查看在导线另一端是否还能检测到电压。大多数网线检查器通过一串的灯来表明通/断，也有一些用语言来指明通/断，通/断检查可以提示网线或网卡能否继续使用。

（2）除了检查网线的连接，一个好的网线检查器可以验证网线装备是否正确，有没有短路、裸露或缠绕。

（3）制作网线时，至少用一个网线检查器来证实它们的连通性，弄清楚它是否符合局域网标准，因为网线标明 CAT5 不一定意味着它就符合那个标准，在装配之前测试网线可以节省排除故障所需的时间。

网线检查器不能检查光缆的连接，因为光缆利用光而不是电压来传送数据，为检查光缆需要特殊的光缆检查器。

（4）注意：不要用网线检查器检查正在工作的网线，应该先把网线从网络上断开，然后再检查。

2. 网线探测器

网线探测器和网线检查器一样可以测试网线的连接错误，还能提供以下功能：①确认网线是不是太长；②确定网线损坏的位置；③测量网线的衰减率；④测量网线的远近串扰；⑤测量以太网网线的终端电阻的阻抗；⑥按CAT3、CAT5、CAT6甚至CAT7标准提供通/断率；⑦存储和打印网线测试结果。

（二）网络监视器和分析仪

1. 网络监视器

这是一款软件工具，可以在连到网络上的一台服务器或工作站上持续监测网络流量。网络监视器一般工作在OSI模型的第三层，可以检测出每个包所使用的协议，但是不能破译包里的数据。

2. 网络分析仪

这是一款便携的硬件工具，网络管理员把它连入网络，专门用来解决网络问题。网络分析仪可以破译直到OSI模型第七层的数据。例如，它可以辨别一个使用TCP/IP的包，甚至可以辨别它是从特定工作站到服务器的ARP应答信号。分析仪可以破译包的负载率，把它从二进制码变成可识别的十进制码或十六进制码。因此，网络分析仪可以捕获运行于网络上的密码，只要它们的传输不是加密的。网络测试仪软件包可以在标准PC上运行，有些则要求在带特殊网卡和操作系统软件的PC上运行。

使用网络监视器和分析仪应该熟悉这些工具涉及的一些数据错误名称。例如：本地冲突、超时冲突、碎包、巨包、尖叫源、CRC校验出错、假帧。

四、学校行政办公室网络维护案例

某学校行政办公室王主任的主机上不了网的维护案例，见附件二“学校行政办公室网络维护案例”。

第二步 基础知识和技能检查

（1）请同学们根据第一步中的知识准备和网络管理条例参考，制定学校行政办公室网络的一个管理条例。

（2）走访学校信息中心和资产管理工作人员，详细了解学校行政办公室的网络设备及主机配置情况，记录主机、网络设备及打印机等设备的配置清单，绘制出学校行政办公室的网络拓扑草图。

第二部分 计划与实施

第一步 需求分析

按照预先分好的组，让同学们分别深入到学校行政办公室与其工作人员进行详细面谈，并做好记录，收集工作人员在使用网络的过程中碰到的问题。以下列举部分问题，希望同学们继续补充。

（1）主机不能上网；

（2）网上邻居不能浏览到其他主机；

（3）ping IP 地址正常却 ping 不通计算机名；

（4）无法共享文件和打印机；

（5）网卡的指示灯有时不亮；

（6）有时上网速度很慢；

（7）开机时，因为网络连接问题，出现了开机异常。

____

____

____

____

第二步 学校行政办公室网络维护工作实施

一、网络故障诊断步骤

1. 确定并记录所出现的症状，根据如下提示进行记录

（1）用户操作正确吗？

（2）问题可以重现吗？

（3）物理连接有问题吗？

（4）逻辑元素有问题吗？

____

____

____

____

2. 确定局域网故障范围，根据如下提示进行记录

（1）局域网访问会受到影响吗？

（2）局域网性能会受到影响吗？

（3）数据或程序会受影响吗，或者两者都受影响呢？

（4）仅仅是某些设备（例如打印机）受到影响吗？

（5）若程序受影响，这问题发生在一个本地设备，还是一个或者多个联网的设备上？

（6）用户报告了什么样的错误消息？

（7）一个用户或者是多个用户受到了影响？

（8）故障现象经常自发出现吗？

____

____

____

____

3. 制订和执行诊断计划，可以参考如下提示

（1）收集可用于帮助隔离可能故障原因的信息；

（2）根据收集到的情况考虑可能的故障原因；

（3）根据最后的故障原因，制订一个诊断计划；

（4）执行诊断计划，认真做好每一步测试和观察，直到故障现象消失；

（5）每改变一个参数都要确认并记录其结果；

（6）分析结果确定问题是否解决，如果没有解决，则继续下去直到解决。

二、限定问题范围

1. 根据如下提示，确定网络问题的范围

（1）有多少用户或工作组受到了影响？

一个用户或工作站？一个工作组？一个部门？一个组织地域？整个组织？

（2）什么时候出现的故障？

网络、服务器或者工作站曾经正常工作吗？是前一小时或前一天出现的症状吗？这些症状在很长一段时间内间歇性出现吗？这些症状仅在一天、一周、一月中的特定时刻出现吗？

2. 根据如下引导提示，在限定故障范围内诊断

（1）只有一个用户/工作站出现这种问题吗？

①检查用户机器，考虑可能发生的用户操作错误；

②检查用户机器的相关硬件，例如 NIC 或电缆；

③检查用户机器的软件及其配置；

④检查网段对应的服务器、交换机、路由器等；

⑤检查骨干网中的服务器、电源、连接设备等。

（2）只有特定部门或用户组出现这种问题吗？

①与有关用户讨论并仔细检查，各工作站有相似之处吗？

②各工作站使用同种类型的硬件吗？

③各工作站是由同一个人配置或者同时使用相似的配置吗？

④故障带来的问题很普遍吗？

三、重现故障

1. 分析故障现象能否被重现以及能够重现的程度

（1）每次都能使故障现象重现，还是只在特定环境下才出现呢？

（2）偶然才能使故障现象重现，例如只是在每月、日、年或星期的特定时间出现吗？

（3）故障现象最近出现过吗？现象间断性出现很长时间吗？

（4）以不同的 ID 登录或从其他机器上进行相同的操作，故障现象还存在吗？

2. 严格按照发现故障人的操作步骤进行故障重现

（1）为了准确地重现一个故障，要仔细询问用户在故障出现前做过什么。

（2）重现故障现象需要我们有较准确的判断能力。

（3）在某些情况下，重现故障会使网络瘫痪、工作站上的数据丢失甚至设备损坏，最好不要冒险这样做。

四、验证物理连接

1. 物理连接的故障诊断

（1）设备接通电源了吗？

（2）网卡被正确安装了吗？

（3）设备的网线连在网卡上或墙上的插座正确（不松动）吗？

（4）信息插座模块和信息插头模块、信息插头模块和集线器或交换机之间的网线接头正确连接了吗？

（5）集线器、路由器或者交换机正确地连到主干网了吗？

（6）所有的网线都处在良好的状态吗（无老化和损坏）？

（7）所有的接头（如 RJ－45）都处在完好状态且正确安装了吗？

（8）所有工作组的距离都符合 IEEE802 规范吗？

2. 物理连接的检查要点

在确认一个网络物理连接时，第一步就是从一个节点到另一个节点的跟踪查看。

（1）水晶头 RJ－45 制作正确吗？网线正确插入网卡的插孔了吗？

（2）工作站网卡到交换机的网线连接正确吗？

（3）网线有故障或缺陷（使用网线测试仪来检测）吗？

（4）网卡安装正确吗？

（5）网段过长吗？

五、验证逻辑连接

（1）验证物理连接之后，接着需要检查系统软件的配置、管理权限的设置。借助于故障现象的判断信息，查看网络服务器、应用软件的配置。

（2）逻辑问题更复杂，比物理问题更难于分离和解决。

（3）像某些物理连接问题一样，逻辑故障源于网络设备的某些变动。

六、参考最近网络设备的变化情况

根据如下提示进行情况记录：

（1）一定要考察网络设备最近是否发生过变化，它是诊断故障中一个需要考虑并且相互关联的步骤。

（2）诊断故障时，应该清楚网络最近经历了什么样的变动。

（3）网络上的变动包括添加新设备（如电缆、连接设备、服务器等）、修复已有设备、卸载已有设备、在已有设备上安装新元件、在网络上安装新服务或应用程序、设备移动、地址或协议改变、服务器连接设备或工作站上软件配置改变、工作组或用户改变。

（4）上述可能性改变，如果不是仔细参考和关联就会出现疏忽。

七、实施一个解决方案

根据如下提示实施，并将其记录：

（1）收集诊断故障时产生的文档，以便排除故障时进行查阅。

（2）如果重新安装软件，需要做一个现有软件的备份。

（3）如果要改变设备的硬件，把旧的留作备用，以防方案无效时重新使用。

（4）如果改变程序或设备的配置，需要打印出程序或设备现有的配置，即使改变很小，也要做好原始记录。

（5）执行认为可以解决问题的替换、移动、增加等操作，仔细记录所有的操作。

（6）如果解决方案排除了故障，要把收集到的故障现象、解决方案的细节记录下来。

（7）如果解决方案排除某个故障，一两天后再查看该故障是否还存在，并且看它有没有引起其他故障。

____

____

____

____

____

____

____

____

第三步　故障诊断原则

一、排除用户错误

（1）诊断局域网故障，就像医生诊断病人。以一个逻辑的顺序思考一系列标准的问题，以确定局域网的故障原因，不要忽略某些明显的东西，尽管一些问题太简单不值得提问，但也不要忽视它们。

（2）在开始排除故障时，应该确认用户的操作是否完全正确，用户很容易犯错而误认为是局域网出了问题。

二、确定故障的范围

（1）通常故障可以限定到用户、部门、影响的地域、一周或一天什么时候出现。一旦确定了故障的范围，要试着重现故障，如果可能，到故障发生的现场并严格按照发现故障人的操作步骤进行故障现象重现，要注意有些故障现象只有在特定的环境下才能重现。

（2）确保了故障现象是可重现的后，查看从工作站到主干网受影响的设备是否能够可靠地接入网络，物理连接可能会因为网线、网卡、连接设备不对或不恰当，松动或元件损坏，过长的网段等因素而发生故障。如果没有发现物理连接问题，就检查受影响的设备软件配置是否正确，包括应用软件、硬件配置、操作系统软件和客户端软件。

三、考察网络上的变化

（1）网络上的硬件变化包括添加新硬件、删除旧硬件、硬件升级、设备移动。

（2）网络上的软件变化包括操作系统升级、设备驱动程序升级、安装新的应用程序、配置的改变等。

（3）诊断故障过程中，需要考察网络上的硬件或软件的改变。也就是说，一定要耐心询问用户，了解故障出现前的情况，掌握第一手有关网络变化的资料和数据，最好是通过文档化的记录来分析故障的现象和原因。只有完成了前面的工作，才可以得出比较正确的判断。

四、替换故障设备

（1）如果猜测故障出在网络元器件上，最简单的验证方法就是用一个有效的器件去替换它，在许多情况下这种方法能很快地解决问题，所以应该尽早地在排障步骤中使用该方法。

（2）在替换网络元器件之前，确保它和原来的元件具有相同的特性，如果安装了一个不匹配的设备，所付出的努力就有可能白费，因为在这种环境中，新器件无法工作，最糟糕的是安装了不配套器件而损坏了已有的设备。

五、寻求技术支持

(1) 网络设备生产商提供的文档是我们不应该错过的东西。例如，网卡上的跳线、路由器的配置命令和参数、解决网络系统故障提示等。除了和网络部件一起配备的小册子，大多数网络软件、硬件供应商都提供在线排障信息。

(2) 将网络设备的软、硬件供应商（或生产商）的清单准备好，以便查阅（最好是在线的，可以是在 Web 页上或在网络上的一个共享的文件中），清单不仅包括公司的名字，还包括技术支持的电话、联系人名（如果可能的话）、技术支持的 Web 地址。

六、故障诊断原则思考和分析

请同学们认真分析及思考上面的五条故障诊断原则，看还有没有什么问题，或者还有没有需要补充的原则。

____

____

____

第四步　排障方法及流程

一、分层排障

(1) 为了降低设计的复杂性，增强通用性和兼容性，计算机网络都设计成层次结构。这种分层体系使多种不同硬件系统和软件系统能够方便地连接到网络。在分析和排查网络故障时，应充分利用网络这种分层的特点，快速准确地定位并排除故障。

(2) OSI 的层次结构为分析和排查故障提供了非常好的组织方式。由于各层相对独立，按层排查能够有效地发现和隔离故障，因而一般使用逐层分析和排查的方法。一种是从低层开始排查，适用于网络不够稳定的情况，例如组建新的网络、重新调整网络线缆、增加新的网络设备；另一种是从高层开始排查，适用于物理网络相对稳定的情况，例如硬件设备没有变动。

二、一般排障方法

（1）首先检查 TCP/IP 通信软件是否正常（可以观察 TCP/IP 启动过程是否正常），若无出错信息，用 ping localhost 测试本机网络，如果正常，一般情况下 TCP/IP 通信软件不会有故障。

（2）检查 TCP/IP 通信软件工作环境（主要检查通信参数的设置和通信口的进程分配），因通信参数的设置只在 TCP/IP 软件安装过程中进行，一般通信正常后再出现故障的可能性很小。

（3）判断故障是出现在客户机还是服务器。如果部分客户机可以上网，则故障肯定发生在客户机的通信上；如果所有客户机都不通，则可能是服务器有故障，此时查找服务器故障原因。

（4）检查网络硬件设备的配置是否正确。

请根据以上的排障方法指导，写出你在实际环境中所使用的排障方法：

____

____

____

____

____

____

____

三、排障流程

以下内容是对学校行政办公室网络维护的一个排障过程的描述，其中图 2－1所示的排障流程是对其过程的总结和直观表达。

（1）仔细辨认和分析故障现象。

（2）验证用户权限。

（3）确定故障的范围。

(4) 重现故障，在故障不会继续扩展的情形下，尝试重现故障现象。

(5) 验证网络物理连接（例如网络连线、网络接口卡的插槽、供电电源）的完整性。

(6) 验证网络的软件问题，例如地址、协议绑定、软件安装等。

(7) 考虑最近的网络变更和可能导致的局域网故障。

(8) 实施解决方案。

(9) 检验解决方案。

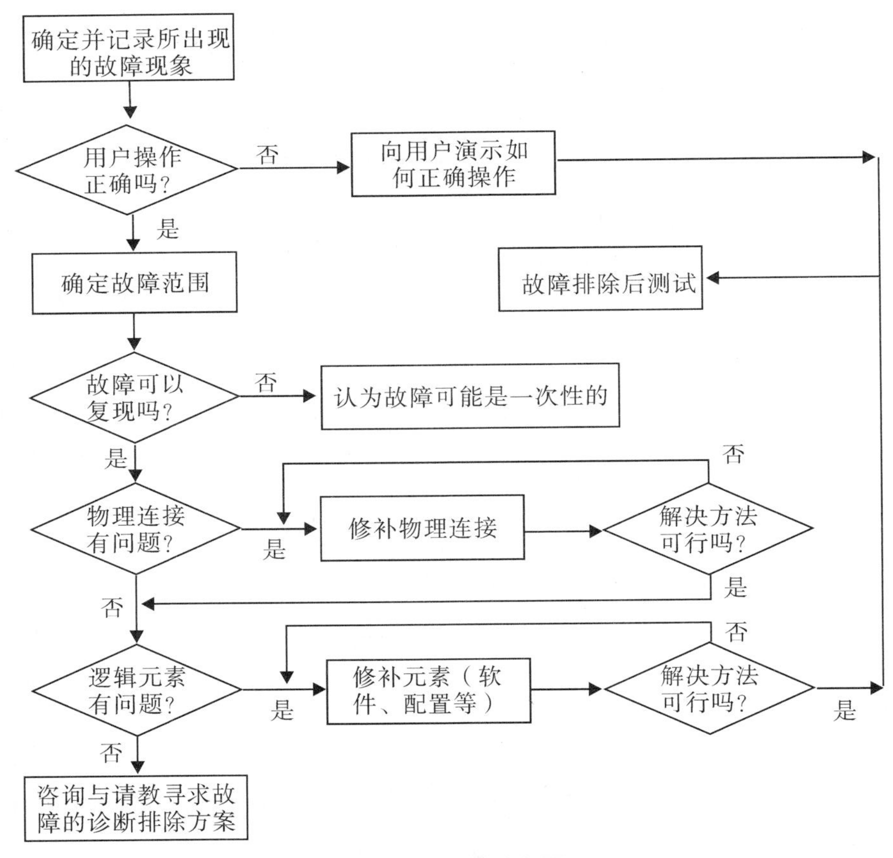

图 2－1　排障流程图

你可以对上述排障流程进行简化吗?

第三部分　总结与反馈

一、工作过程记录与总结

工作过程经验记录与总结如表 2-1 所示。

表 2-1　工作过程记录与总结

笔记	
自我评价	任务实施情况，请自我评价__________ A. 非常好（91~100 分）　B. 比较好（81~90 分）　C. 一般（66~80 分） D. 不太好（51~65 分）　E. 基本完成不了（50 分或以下）

（续上表）

任务总结	在这次的任务学习中，你遇到什么困难？在哪些方面需要进一步改进？ 签名：　　　　日期：

二、学业评价表（工作验收标准）

见表 2－2，即“学校行政办公室网络维护”学业评价表。

表 2－2　“学校行政办公室网络维护”学业评价表

考核项目	考核内容	配分	考核要求及评分标准	得分
学习准备	基础知识与技能检查	10 分	对应技能的完成情况	
计划与实施	需求分析	80 分	需求分析的完成情况	
	诊断步骤		具体内容的完成情况	
	验证		物理验证和逻辑验证	
	实施方案		实施方案的完成情况	
	诊断原则		诊断原则的理解	
	方法与流程		方法和流程掌握情况	
总结与展示	结果展示	10 分	对本任务的学习总结和展示	
总分			组长签名：	

附件一：办公室网络管理条例

计算机软、硬件及网络管理制度

（一）内容和适用范围

（1）为了加强计算机软、硬件及网络的管理，确保计算机软、硬件及网络正常使用，特制定本制度，公司各级员工使用计算机软、硬件及网络，均应遵守本制度涉及的各项规定。

（2）本文所称的计算机硬件主要指：主机、显示器、键盘、鼠标、打印机、U 盘、网络设备及附属设备。

（3）本文所称的计算机软件是指各类系统软件，商业及公司自行开发的应用软件等。

（4）本文所称的网络包括互联网、公司内部局域网。

（二）总则

（1）公司计算机软、硬件及网络管理的归口管理部门为行政部。

（2）行政部配备网络管理员对公司所有计算机软、硬件及信息实行统一管理，负责对公司计算机及网络设备进行登记、造册、维护和维修。

（3）公司网络管理员负责对公司网站进行信息维护和安全防护。

（4）公司计算机软、硬件及低值易耗品由网络管理员负责统一申购、保管、分发和管理。

（5）公司各部门的计算机硬件，遵循“谁使用，谁负责”的原则进行管理。

（三）计算机硬件管理

（1）计算机硬件由公司统一配置并定位，任何部门和个人不得私自挪用、调换、外借和移动。

（2）公司计算机主要硬件设备均应设置台账进行登记，注明设备编号、名称、型号、规格、配置、生产厂家、供货单位、使用部门及使用人等信息。

（3）公司计算机主要硬件设备应粘贴设备标签，设备标签不得随意撕毁，如发现标签脱落应及时告知网络管理员重新补贴。

（4）计算机主要硬件设备的附属资料（包括但不限于产品说明书、保修卡、附送软件等）由网络管理员负责统一保管。

（5）严禁私自拆卸计算机硬件外壳，严禁未经许可移动、拆卸、调试、更换硬件设备。

（四）计算机软件管理

（1）公司使用的计算机、网络软件由网络管理员统一进行安装、维护和改造，不允许私自安装操作系统、软件、游戏等。如有特殊需要，经部门经理同意后联系网络管理员安装相应的正版软件或绿色软件。

（2）如公司没有相应正版软件，又急需使用，可联系网络管理员从网络下载相应测试软件使用。

（3）公司购买的商品软件由网络管理员统一保管并做好备份，其密钥、序列号、加密狗等由使用部门在网络管理员处登记领用，禁止在公司外使用。如有特殊需要，须经部门经理同意后并在网络管理员处备案登记。

（五）网络管理

（1）公司网络管理员对计算机 IP 地址进行统一分配、登记、管理，严禁盗用、修改 IP 地址。

（2）公司内部局域网由网络管理员负责管理，网络使用权限根据业务需要经使用部门申请，由网络管理员统一授权并登记备案。

（3）因业务需要使用互联网的部门和岗位，需经部门申请并报总经理批准后，由网络管理员统一授权并登记备案。

（六）计算机信息管理

（1）公司员工必须自觉遵守企业的有关保密法规，严禁利用网络有意或无意泄漏公司的涉密文件、资料和数据；不得非法复制、转移和破坏公司的文件、资料和数据。

（2）公司重要电子文档、资料和数据应上传至文件服务器妥善保存，如网络管理盘；本机保存务必将资料存储在除操作系统外的硬盘空间，严禁将重要文件存放在桌面上。

（七）计算机安全防护管理

（1）公司内部使用移动存储设备，使用前需先对该存储设备进行病毒检测，确保无病毒后方可使用，内部局域网使用移动存储设备，实行定点、定机管理。

（2）上网时禁止浏览色情、反动网页或其他与工作不相关的网站；浏览信息时，不要随便下载页面信息和安装网站插件。

（3）进入邮箱不要随便打开来历不明的邮件及附件，同时应开启杀毒软件邮件监控程序，以免被计算机病毒入侵。

（4）计算机使用者应定期对自己使用的计算机查杀病毒，更新杀毒软件病毒库，以确保计算机系统安全、无病毒。

（5）禁止计算机使用者删除、更换或关闭杀毒软件。

（6）公司网络管理员负责定期发布杀毒软件更新补丁，公司内部局域网用户可通过网络映射通道进行升级。

（7）所有公司网络系统用户的计算机必须设置操作系统登录密码，密码长度不得少于6个字符且不能采用简单的弱口令，最好是由数字、字母和其他有效字符组成。员工应不定期修改密码，由网络管理员不定期抽查，修改后上报网络管理员。

（8）计算机使用者离职时必须由网络管理员确认其计算机硬件设备完好、移动存储设备归还、系统密码清除后方可离职。

（八）计算机操作规范管理

（1）计算机开机应遵循先开电源插座、显示器、打印机、外设、主机的顺序。每次的关、开机操作至少间隔1分钟，严禁连续进行多次的开关机操作。

（2）计算机关机应遵循先关主机、显示器、外设、电源插座的顺序。下班时，务必将电源插座的开关关上。

（3）打印机及外围设备的使用。打印机在使用时要注意电源线和打印线是否连接有效，当出现故障时注意检查有无卡纸，激光打印机硒鼓有无碳粉，喷墨水是否干涸，针式打印机是否有断针。当打印机工作时，不要强行阻止，否则很容易损坏打印机。

（4）停电时，应尽快关闭电源插座或将插座拔下，以免引起短路和火灾。

（5）来电时，应等待5～10分钟待电路稳定后方可开机，开机时应遵循开机流程操作。

（6）计算机发生故障应尽快通知网络管理员，不允许私自维修。

（7）计算机操作人员必须爱护计算机设备，保持计算机设备的清洁卫生。

（8）禁止在开机状态下使用湿物（湿毛巾、溶剂等）擦拭显示屏幕。

(9) 禁止工作时间内玩游戏和做与工作无关的事宜。

(10) 禁止在使用计算机设备时，关闭、删除、更换公司的杀毒软件。

(11) 严禁利用计算机系统发布、浏览、下载或传送反动、色情及暴力的信息。

(12) 严禁上班时间使用任何软件下载与公司无关的资料、程序等。

(13) 严禁上班时间使用 BT 软件下载。

(14) 严格遵守《中华人民共和国计算机信息网络国际互联网管理暂行规定》，严禁利用计算机非法入侵他人或其他组织的计算机信息系统。

(九) 相关惩戒措施

(1) 如发现上班时间内使用网际快车、迅雷、电驴、QQ 旋风、FTP 及 IE 等相关软件下载非工作的资料，发现一次扣 5 元。

(2) 如上班时间使用 BT 软件下载，发现一次扣 10 元。

(3) 如发现上班时间内玩游戏或使用 QQ 直播、P2P、网络电视等在线视频软件，发现一次扣 10 元。

(4) 如发现公司员工盗用、修改 IP 地址，发现一次扣 10 元。

附件二：学校行政办公室网络维护案例

学校行政办公室网络维护案例

故障描述：学校行政办公室王主任的主机无法上网。

故障分析：当电脑出现无法上网的情况，我们可以初步判断有两种情况：第一种情况是受到 arp 攻击导致无法上网；第二种情况是主机本身的软、硬件故障导致无法上网。

故障诊断及排除：

(一) 第一种情况的诊断及故障排查

1. 查看 TCP/IP 属性

点击桌面左下方“开始”菜单，点击其中的“运行”选项，随后弹出一个对话框，如图 2 -2 所示。

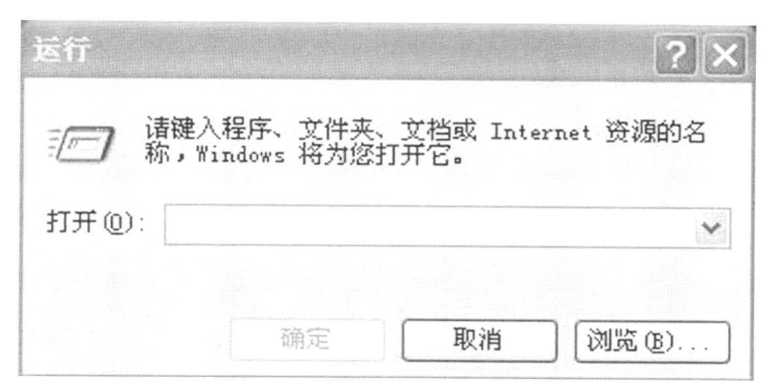

图 2-2 “运行”对话框

在该对话框中输入“cmd”，点击确定（或按回车键），出现如图 2-3 所示的窗口。

图 2-3 DOS 命令窗口

在该窗口中输入“ipconfig /all”，出现如图 2-4 所示的信息。其中 Host Name 是机器名称，建议将其修改为使用者名字，这样在网络发现病毒后通过网络抓包和局域网机器扫描手段能很快地找到故障机器，缩短故障处理时间。机器名修改方法为：用鼠标右键点击“我的电脑”图标，点击其中的“属性”选项，选取第二个菜单“计算机名”，点击“更改”，计算机名内填写自己的名字（中文），点“确定”后电脑会提示输入的是一个“非标准名称”，该提示是因为 Windows 系统编码认为中文字符不是标准 ASCLL 码，该名字对应用无任何干扰，无须理会。点击提示菜单“是”选项。“工作组”中内容如无特别规定则不需要更改，重新启动电脑，计算机名字的修改完成。

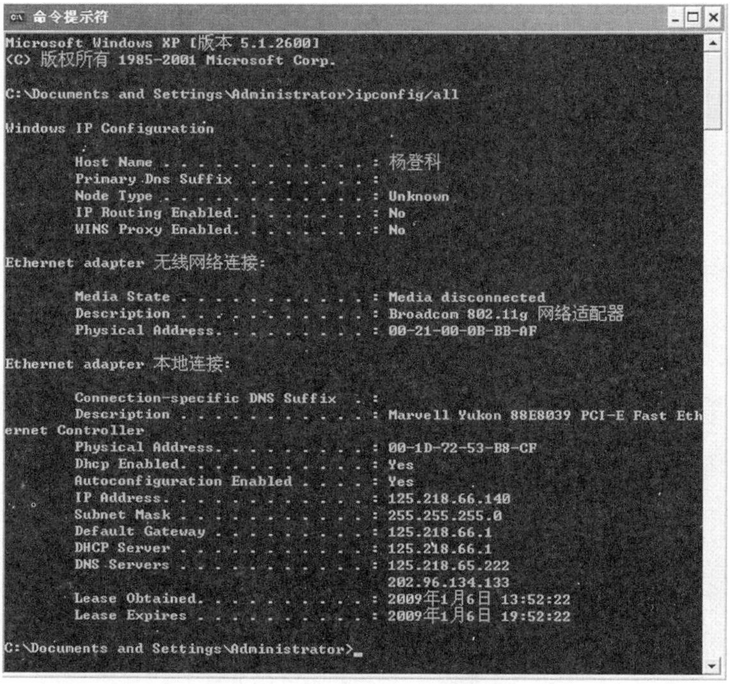

```
命令提示符
Microsoft Windows XP [版本 5.1.2600]
(C) 版权所有 1985-2001 Microsoft Corp.

C:\Documents and Settings\Administrator>ipconfig/all

Windows IP Configuration

        Host Name . . . . . . . . . . . . : 杨登科
        Primary Dns Suffix  . . . . . . . :
        Node Type . . . . . . . . . . . . : Unknown
        IP Routing Enabled. . . . . . . . : No
        WINS Proxy Enabled. . . . . . . . : No

Ethernet adapter 无线网络连接:

        Media State . . . . . . . . . . . : Media disconnected
        Description . . . . . . . . . . . : Broadcom 802.11g 网络适配器
        Physical Address. . . . . . . . . : 00-21-00-0B-BB-AF

Ethernet adapter 本地连接:

        Connection-specific DNS Suffix  . :
        Description . . . . . . . . . . . : Marvell Yukon 88E8039 PCI-E Fast Eth
ernet Controller
        Physical Address. . . . . . . . . : 00-1D-72-53-B8-CF
        Dhcp Enabled. . . . . . . . . . . : Yes
        Autoconfiguration Enabled . . . . : Yes
        IP Address. . . . . . . . . . . . : 125.218.66.140
        Subnet Mask . . . . . . . . . . . : 255.255.255.0
        Default Gateway . . . . . . . . . : 125.218.66.1
        DHCP Server . . . . . . . . . . . : 125.218.66.1
        DNS Servers . . . . . . . . . . . : 125.218.65.222
                                            202.96.134.133
        Lease Obtained. . . . . . . . . . : 2009年1月6日 13:52:22
        Lease Expires . . . . . . . . . . : 2009年1月6日 19:52:22

C:\Documents and Settings\Administrator>_
```

图 2－4　ipconfig/all 命令信息

ipconfig /all 命令显示的内容包括每一块网卡的信息，由于本案例中机器只使用了两个网卡中的一个，所以只有一个在本地连接中有相关的信息。该命令显示的各参数所表示的信息内容解释如图 2－5 所示。

Description ………………：Marvell Yukon 88E8039 PCI-E Fast Ethernet Controller
（该项描述的是电脑的网卡芯片、类型）
Physical Address…………：00－1D－72－53－B8－CF
（该项显示的是网卡的物理地址，也叫 MAC 地址）
Dhcp Enabled……………：Yes

```
（该项表示是否开启了 DHCP 客户端）
Autoconfiguration Enabled …………: Yes
（该项表示是否开启了自动获取 IP 地址）
IP Address……………………………: 125.218.66.140
（电脑的 IP 地址）
Subnet Mask …………………………: 255.255.255.0
（电脑的子网掩码）
Default Gateway………………………: 125.218.66.1
（电脑的网关）
DHCP Server …………………………: 125.218.66.1
（所使用的 DHCP 服务器地址）
DNS Servers …………………………: 125.218.65.222
                                    202.96.134.133
（使用的 DNS 服务器地址）
Lease Obtained…………………………: 2009 年 1 月 6 日 13: 52: 22
（DHCP 获取时间）
Lease Expires …………………………: 2009 年 1 月 6 日 19: 52: 22
（DHCP 到期时间）
```

图 2-5 信息解释

手工设定 IP 地址与 DHCP 获取 IP 地址的区别，在该处显示就在于没有相关的 DHCP 服务器和时间的信息。

使用该命令最大的好处是在机器出现某些故障以致无法从“网上邻居”打开网络属性查看 TCP/IP 信息的时候，只要系统没有完全崩溃，就可以使用 ipconfig/all 来查看完整的信息，从而进一步对故障进行判断。

2. 对网络的各种联通性进行测试

我们通过以上操作已经获取到电脑的 IP 地址信息，可以通过以下的操作再进一步确定网络的故障。

ping 命令的使用，如果不能上网，我们第一步要做的是 ping 125.218.66.1 [通过 ipconfig/all 命令查看到的“Default Gateway”（电脑的网关）对应的地址]，如果无法 ping 就说明电脑和核心交换机或路由器的连接可能受到病毒、链路、机器故障、环路等的影响。

一般情况下，在学校没有对网络进行较大调整而且故障出现前没有发生过无法上网情况的话，链路连通、环路、核心交换机和路由器出现问题的可能性很低。无法 ping 通网关很大的可能性是有 ARP 病毒攻击网络或电脑本身的故障，ARP 病毒的最常见的现象是很多机器会在同一时间无法上网，而电脑本身的故障一般只会使单台电脑无法上网。

3. 在机器没有安装 ARP 防火墙的情况下，判断机器是否由网络内部 ARP 病毒影响而导致无法上网

在“开始”菜单中点击“运行”，在“运行”窗口中输入“cmd”，点击“确定”。在弹出的 DOS 窗口中输入“arp －a”，按回车键，出现如图 2－6 所示的窗口。

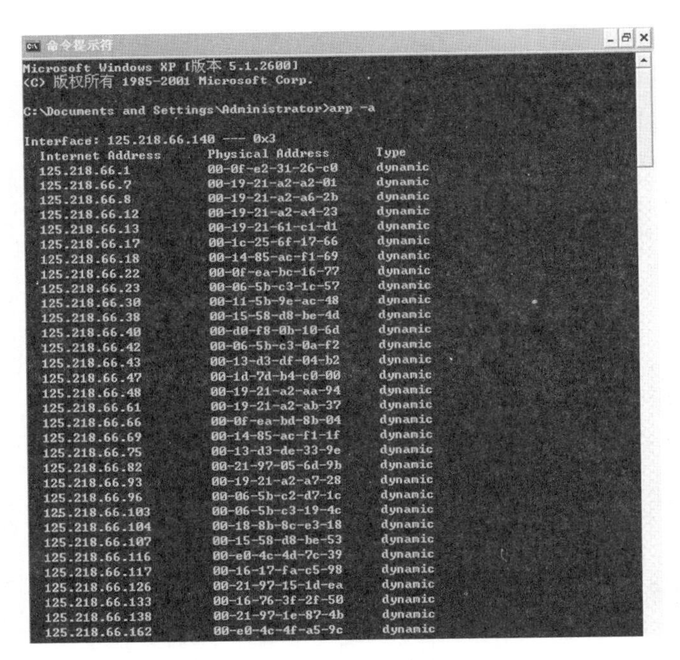

图 2－6　ARP 命令窗口

该列表中显示出网关对应的 MAC 地址和其他电脑的 MAC 地址，如果这些对应关系中，网关的 MAC 地址或电脑的 MAC 地址有相同的，就可以判断

网络内存在 ARP 病毒。理论上，每一个网络设备的 MAC 地址在世界上都是唯一的，在非特殊情况下建议不要通过软件和硬件手段进行更改。MAC 地址如出现重复，网络的正常使用必然会受到影响。在“arp - a”命令的列表中，即使发现有些 IP 地址的 MAC 和网关 IP 地址的 MAC 地址相同，也不能断定该机器就是 ARP 病毒的攻击源。对 ARP 病毒攻击源电脑的判断一般使用网络扫描软件和网络抓包软件。

4. 网络扫描和网络抓包软件非常多，在本案例中使用 LanHelper（局域网助手）和 Sniffer（嗅探器）进行扫描和抓包

在网络上查找到这两款软件后进行安装，安装过程在这里不再讲述，以上软件都有 30 天的试用期。

首先运行 LanHelper 软件，运行后界面如图 2 - 7 所示。

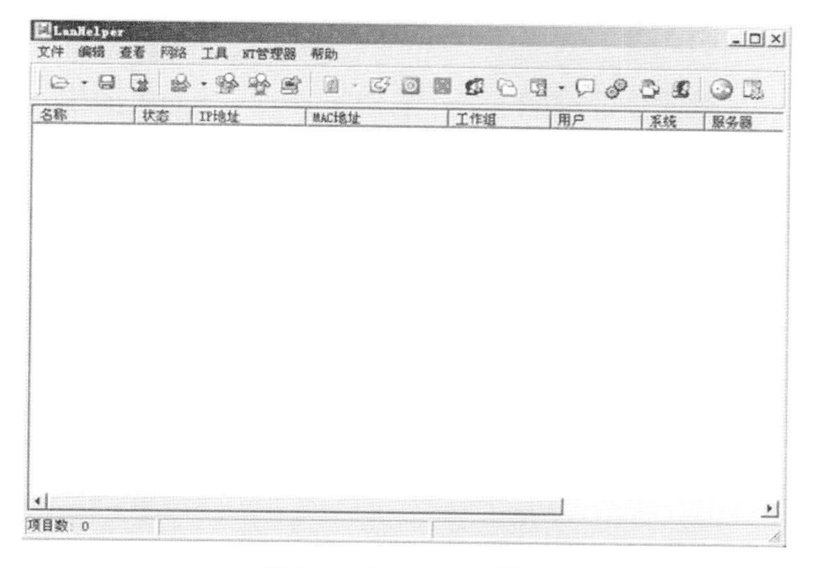

图 2 - 7　LanHelper 主界面

由于软件在安装的同时已经默认设置了将安装所使用电脑的 IP 作为默认的扫描网段，所以运行软件后只需要直接点击“网络”菜单中的“扫描局域网”就能将局域网内机器的相关信息进行统计，其格式如图 2 - 8 所示。

名称	状态	IP地址	MAC地址	工作组
CHINA-FCOD1F045	alive	125.218.66.163	00-03-47-91-B4-2B	WORKGROUP
GREATWALL	alive	125.218.66.178	00-11-5B-E0-84-A7	MSHOME
HONGJIAN	alive	125.218.66.194	00-D0-F8-0B-09-18	WORKGROUP

图 2－8　信息统计

其中包括“机器名称”“在线状态”“IP 地址”“MAC 地址”等信息，在我们查找 ARP 病毒攻击源的时候，最需要了解到的也是“机器名称”“IP 地址”“MAC 地址”的对应信息。

得到了网络中机器的对应关系表之后，我们就使用 Sniffer 软件对网络中的数据进行监控，查找出其中异常的数据，根据数据特征找到真正的 ARP 攻击源。运行 Sniffer 软件，启动后界面如图 2－9 所示。

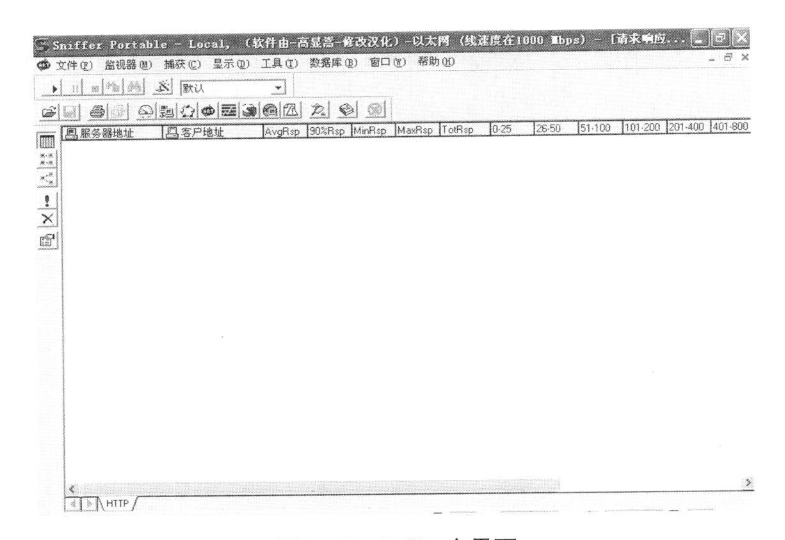

图 2－9　Sniffer 主界面

在软件第一次运行的时候，需要进行相关的硬件关联，如安装后没有认证设置也可在安装完成之后进行相关设置，此处设置如有误，软件将无法实现抓包功能。具体设置方法如下：

点开右上角的“文件”菜单，选择“选定设置”选项，如图 2－10 所示。

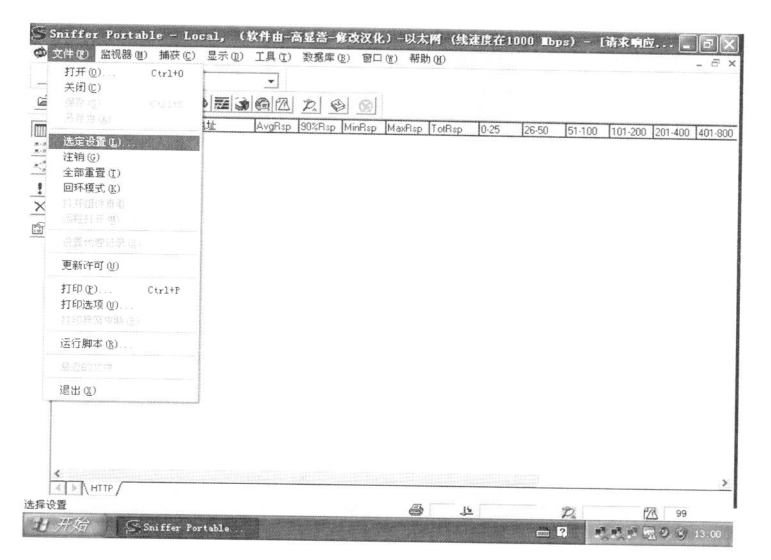

图 2－10 “选定设置”选项

点击完后，出现如图 2－11 所示的窗口。

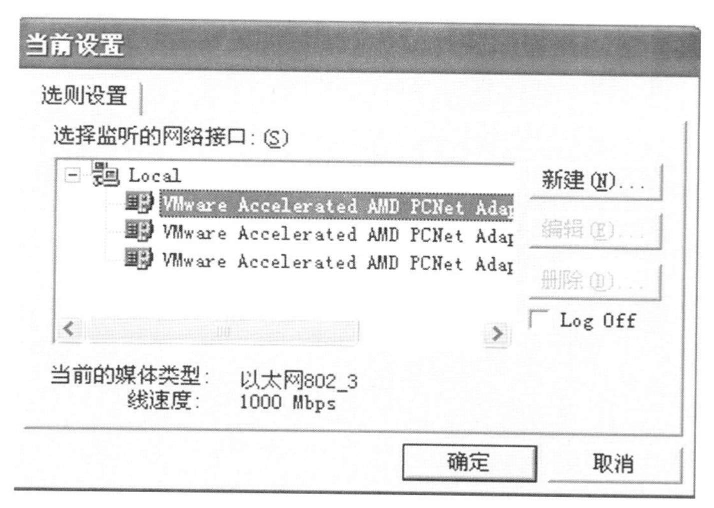

图 2－11 “当前设置”窗口

该处显示的是机器的网卡列表，我们这里需要选中接入网络的那块网卡，使软件监控该网卡的数据传送。点击“确定”即完成了软件和硬件的关联。

我们使用该软件是要抓取网络中的 ARP 数据包，然后查看其中是否存在异常。那么我们就需要在抓取数据之前进行一个过滤，其具体设置如下：

选择菜单栏“捕获”选项，点击“定义过滤器”选项窗口，如图 2－12 所示。

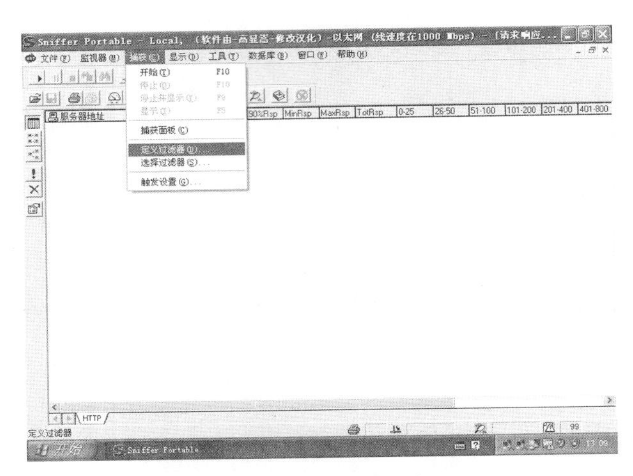

图 2－12　“捕获”选项

点击后弹出“定义过滤器”窗口，如图 2－13 所示。

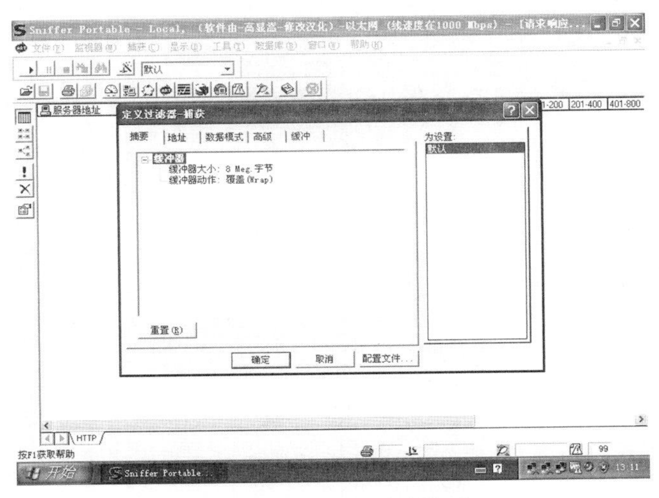

图 2－13　“定义过滤器”窗口

点击“高级”，将其中的“ARP”项目勾上，然后点“确定”，这里是选取何种协议进行抓包。因为我们是要对局域网内的ARP广播数据包进行分析，进一步查出ARP病毒的攻击源，所以只选取ARP项目，如图2-14所示，针对该种数据包进行嗅探。如果需要对网络中其他数据进行有针对性的嗅探就选取相对应的协议。

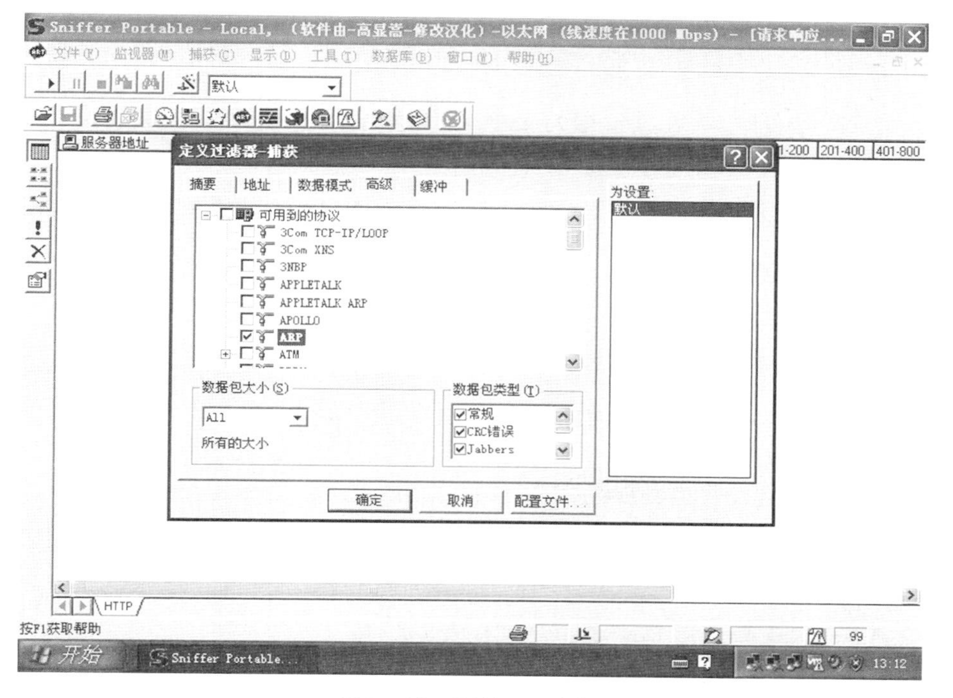

图2-14 选取ARP项目

以上操作已经完成了对软件的设置，可能有人会有疑问，在别的Sniffer教程中都要对交换机端口进行镜像，将核心或汇聚交换机上联接口与安装Sniffer机器的接口镜像后才进行抓包，而我这里讲的内容里没有提到对交换机的端口镜像操作。最主要原因是：我们这个操作针对的是查找ARP攻击一个操作，由于ARP攻击是基于“OSI七层模型”中的二层广播来进行，对于一个二层的广播行为（网络中的广播，顾名思义就是对所有人员和端口都发送的数据），我们不需要进行端口镜像就能抓到所需要的数据。对于将核心或汇聚交换机上联端口进行镜像的网络抓包，将在后续章节详细介绍。

完成了软件的相关设置之后，开始进行抓包和诊断工作，点击软件主窗口左上角的▶按钮，如图 2－15 所示。

图 2－15 ▶按钮窗口

点击▶之后，该按钮右边的■ 变成■ ，就表明已经通过网络抓包获取到了相关的数据。为了准确地获取网络中的信息，建议抓包时间在 5 分钟左右，然后点击按钮，出现如图 2－16 所示的下一窗口。

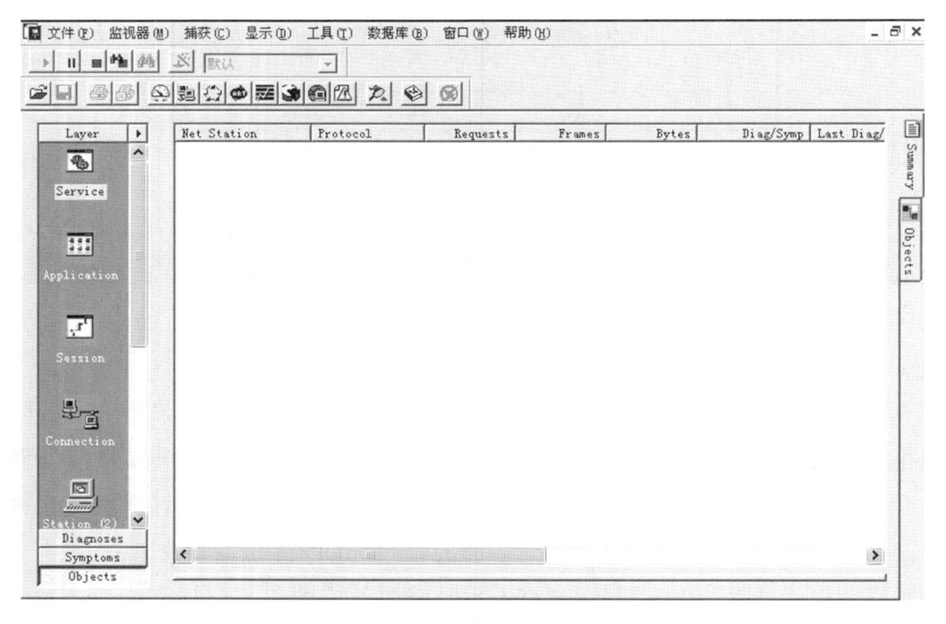

图 2－16 点击后出现的窗口

在该窗口的底部有 \ 专家 / 解码 \ 矩阵 \ 主机列表 \ Protocol Dist. \ 查看统计表 为这当前对话 / 几个窗口选项，我们选取“解码”来查看抓取到的数据编码，调整好各个分栏的大小后看到如图 2－17 所示的窗口。

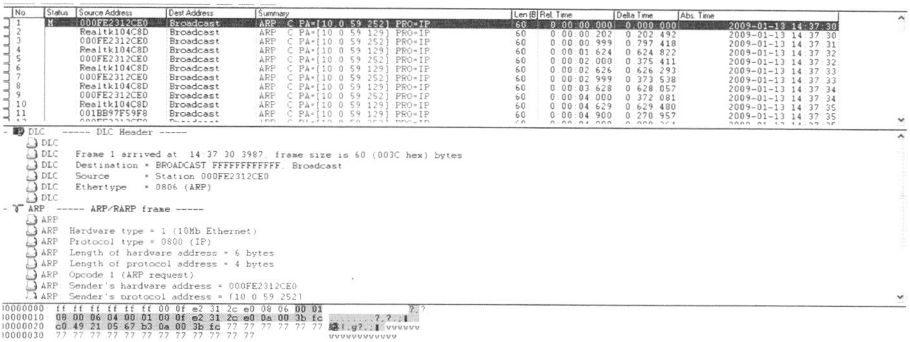

No.	Status	Source Address	Dest Address	Summary	Len (B)	Rel. Time	Delta Time	Abs. Time
1	M	000FE2312CE0	Broadcast	ARP: C PA=[10.0.59.252] PRO=IP	60	0:00:00.000	0.000.000	2009-01-13 14:37:30
2		Realtk104C8D	Broadcast	ARP: C PA=[10.0.59.129] PRO=IP	60	0:00:00.202	0.202.492	2009-01-13 14:37:30
3		000FE2312CE0	Broadcast	ARP: C PA=[10.0.59.252] PRO=IP	60	0:00:00.999	0.797.418	2009-01-13 14:37:31
4		Realtk104C8D	Broadcast	ARP: C PA=[10.0.59.129] PRO=IP	60	0:00:01.624	0.624.822	2009-01-13 14:37:32
5		000FE2312CE0	Broadcast	ARP: C PA=[10.0.59.252] PRO=IP	60	0:00:02.000	0.375.411	2009-01-13 14:37:32
6		Realtk104C8D	Broadcast	ARP: C PA=[10.0.59.129] PRO=IP	60	0:00:02.626	0.626.293	2009-01-13 14:37:33
7		000FE2312CE0	Broadcast	ARP: C PA=[10.0.59.252] PRO=IP	60	0:00:02.999	0.373.538	2009-01-13 14:37:33
8		Realtk104C8D	Broadcast	ARP: C PA=[10.0.59.129] PRO=IP	60	0:00:03.628	0.628.057	2009-01-13 14:37:34
9		000FE2312CE0	Broadcast	ARP: C PA=[10.0.59.252] PRO=IP	60	0:00:04.000	0.372.081	2009-01-13 14:37:34
10		Realtk104C8D	Broadcast	ARP: C PA=[10.0.59.129] PRO=IP	60	0:00:04.629	0.629.480	2009-01-13 14:37:35
11		001BB97F59F8	Broadcast	ARP: C PA=[10.0.59.129] PRO=IP	60	0:00:04.900	0.270.957	2009-01-13 14:37:35

```
- DLC:  ----- DLC Header -----
    DLC:
    DLC:  Frame 1 arrived at  14:37:30.3987; frame size is 60 (003C hex) bytes
    DLC:  Destination = BROADCAST FFFFFFFFFFFF, Broadcast
    DLC:  Source      = Station 000FE2312CE0
    DLC:  Ethertype   = 0806 (ARP)
    DLC:
- ARP:  ----- ARP/RARP frame -----
    ARP:
    ARP:  Hardware type = 1 (10Mb Ethernet)
    ARP:  Protocol type = 0800 (IP)
    ARP:  Length of hardware address = 6 bytes
    ARP:  Length of protocol address = 4 bytes
    ARP:  Opcode 1 (ARP request)
    ARP:  Sender's hardware address = 000FE2312CE0
    ARP:  Sender's protocol address = [10.0.59.252]
00000000: ff ff ff ff ff ff 00 0f e2 31 2c e0 08 06 00 01
00000010: 08 00 06 04 00 01 00 0f e2 31 2c e0 0a 00 3b fc
00000020: c0 49 21 05 67 b3 0a 00 3b fc 77 77 77 77 77 77
00000030: 77 77 77 77 77 77 77 77 77 77 77 77
```

图 2－17　抓包的数据编码图

第一栏显示的是一次数据通信的概要，主要是发送数据的源、目标 MAC 地址和 IP 地址，以及数据包的长度和一些时间信息。从该栏可以看到的问题是，如果某一个 IP 地址在大量发送 ARP 数据包，可以初步判断该机器可能就是 ARP 攻击的源头。选取该栏目的一个可疑条目后查看第二栏的信息，如抓取的是 ARP 数据，第二栏显示的信息条目则如图 2－18 所示。

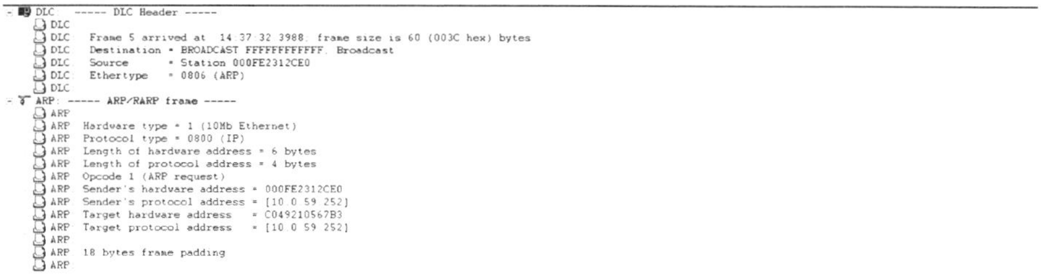

```
- DLC:  ----- DLC Header -----
    DLC:
    DLC:  Frame 5 arrived at  14:37:32.3988; frame size is 60 (003C hex) bytes
    DLC:  Destination = BROADCAST FFFFFFFFFFFF, Broadcast
    DLC:  Source      = Station 000FE2312CE0
    DLC:  Ethertype   = 0806 (ARP)
    DLC:
- ARP:  ----- ARP/RARP frame -----
    ARP:
    ARP:  Hardware type = 1 (10Mb Ethernet)
    ARP:  Protocol type = 0800 (IP)
    ARP:  Length of hardware address = 6 bytes
    ARP:  Length of protocol address = 4 bytes
    ARP:  Opcode 1 (ARP request)
    ARP:  Sender's hardware address = 000FE2312CE0
    ARP:  Sender's protocol address = [10.0.59.252]
    ARP:  Target hardware address   = C049210567B3
    ARP:  Target protocol address   = [10.0.59.252]
    ARP:
    ARP:  18 bytes frame padding
    ARP:
```

图 2－18　第二栏显示的信息条目

我们重点查看的是以下信息，如图 2－19 所示。

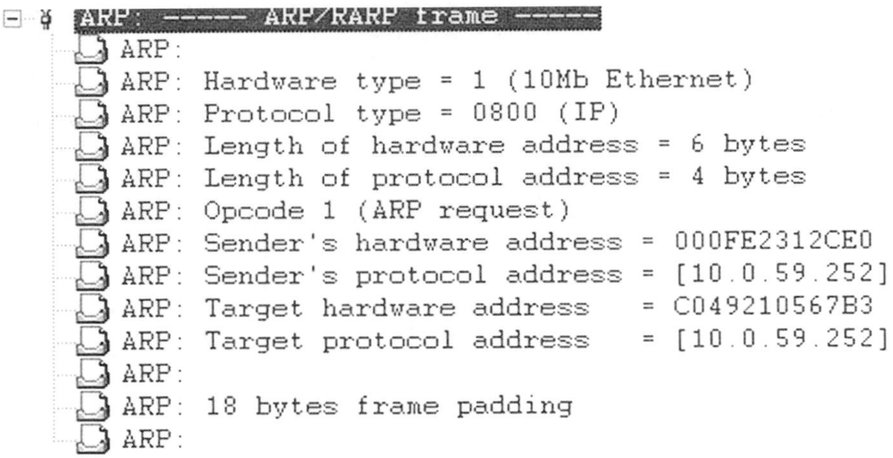

```
ARP: ----- ARP/RARP frame -----
ARP:
ARP: Hardware type = 1 (10Mb Ethernet)
ARP: Protocol type = 0800 (IP)
ARP: Length of hardware address = 6 bytes
ARP: Length of protocol address = 4 bytes
ARP: Opcode 1 (ARP request)
ARP: Sender's hardware address = 000FE2312CE0
ARP: Sender's protocol address = [10.0.59.252]
ARP: Target hardware address   = C049210567B3
ARP: Target protocol address   = [10.0.59.252]
ARP:
ARP: 18 bytes frame padding
ARP:
```


图 2－19　可疑条目的信息栏

对上面具体内容作解释，如图 2－20 所示。

Sender's hardware address ＝????????????
发送者硬件地址（MAC 地址）
Sender's protocol address ＝xxx. xxx. xxx. xxx
发送者 IP 地址
Target hardware address ＝????????????
接收者硬件地址（MAC 地址）
Target protocol address＝ xxx. xxx. xxx. xxx
接收者 IP 地址

图 2－20　信息解释

通过查看各数据包的这些内容，如果该网络内存在 ARP 攻击则会发现大量的 Sender's protocol address ＝xxx. xxx. xxx. xxx。

"发送者 IP 地址"的值是机器网关的地址，此时在你抓包的机器上（必须有正确的 TCP/IP 设置，无网络故障时能正常上网的）若 ping 网关还是无法 ping 通，就可以确定这个数据包就是 ARP 攻击电脑所发送的数据了。记下这个数据包中 Sender's hardware address，即发送者硬件地址（MAC 地址）。查看

LanHelper 软件的列表，找出与此 MAC 地址相同的那台电脑，如果所有电脑都采用使用者名称进行命名的话就很容易找到产生 ARP 攻击的那台电脑。通过对机器的杀毒和恶意软件的清除就能将 ARP 病毒清理干净。

（二）第二种情况的诊断及故障排查

电脑故障无法上网，一般情况下分为软件故障和硬件故障，在处理电脑故障时我们应该遵循“先软后硬，先近后远”的原则，最先检查电脑的软件（包括操作系统和应用软件）是否存在问题，再排查离故障电脑最近的网络设备（其中包括电脑本身），排除了本地电脑或网卡、线路的故障之后再检查接入交换机和核心交换机是否存在故障，下面将介绍几种常见故障的处理方法。

1. 软件故障的排查

在电脑能够正常开机运行但无法连通互联网的时候，必须先从电脑的软件开始进行排查，其具体步骤如下：

（1）确认 TCP/IP 属性的配置正确。深圳市龙岗区教育城域网采用的是基于 TCP/IP 的网络通信构架，所有的网络通信都依靠 TCP/IP 协议，如果计算机在 TCP/IP 属性的配置上有误，将导致通信失败。其中该属性中最需要注意的地方是 DNS 的设置，由于龙岗教育城域网使用了内部 DNS 服务器，TCP/IP 属性中需要将首选 DNS 的地址设为“125.218.65.222”（教育网 DNS 服务器），备用 DNS 设置为“202.96.134.133”（电信 DNS 服务器）。IP 地址根据深圳市教育局分配的地址段结合本校的子网划分填写正确的 IP 地址和子网掩码，子网掩码若填写错误会导致部分通信无法进行。

（2）检查完机器的 TCP/IP 属性的配置信息无误后，我们可以先使用 ping 127.0.0.1 命令来测试机器的 TCP/IP 协议是否存在问题。如果无法 ping 通机器的回环地址也就可以判断该电脑是无法访问其他网络资源的，无法 ping 通回环地址的唯一可能性就是其他程序（可能是应用软件，也可能是病毒软件）在安装或使用的时候破坏了 TCP/IP 通信的相关文件。这个问题的解决办法是使用设备管理器卸载网卡驱动，然后重新启动电脑，再对刚卸载的网卡重新驱动。

（3）能够 ping 通 127.0.0.1 这个地址之后，需要对网关 IP 使用 ping 命令进行测试。如无法 ping 通网关则参照“ARP 病毒导致无法上网”中讲到的方法进行排查。

（4）能够 ping 通网关 IP 之后，我们需要确定的是电脑与外部的通信是否正常。一般采用 ping www. 163. com（任意能正常访问的域名），如果不能 ping 通就进行如下检查：使用 nslookup www. 163. com 命令检查 DNS 服务器能否解析到该域名对应的 IP 地址，如提示无法解析或 DNS 服务器无响应的话应该与深圳市龙岗区教育城域网信息中心联系。如使用 nslookup 命令能解析到 IP 地址，但是无法进行访问的话就进行如下操作：记下解析到的 IP 地址，使用 tracert xxx. xxx. xxx. xxx 命令查看该数据经过的路由，记下在哪一个地方出现了“time out”的提示，将该信息反馈给深圳市龙岗区教育城域网信息中心。

（5）如能够 ping 通域名，但是无法访问或打开的网站与要访问的网站不同就进行如下操作进行排查：打开系统安装目录 C：\ WINDOWS \ system32 \ drivers \ etc \ hosts 下的“hosts”文件，该文件没有后缀名，使用鼠标双击在弹出的“打开方式”的菜单中选择用记事本打开，如其中有 IP 地址对应域名的记录存在的话全部删除，然后保存。重启后若还是不能正常访问网站，请使用“360 安全卫士”“卡卡助手”等系统健康检查软件进行排查和修复。

2. 硬件故障的排查

除了电脑软件故障导致网络通信中断外，电脑与联网相关的设备、线路等出现故障也会导致网络通信的中断。但是发生硬件设备故障导致无法上网的可能性要比软件故障导致无法上网的可能性低很多，所以在排除故障的时候必须按照“先软后硬，先近后远”的原则。现将对网络硬件故障的排查和解决办法叙述如下：

（1）最先我们需要检查电脑和网络通信的接口——“网卡”，需要检查的项目有通过设备管理器查看该电脑的网卡驱动是否安装正确。鼠标右键点击“我的电脑”→点击“管理”→在弹出的对话框中点击“设备管理器”，查看该窗口右侧的“网络适配器”。如发现该项对应的设备有黄色的“?”或“!”的话，说明该电脑网卡驱动没有正确安装或该电脑的网卡已经损坏，需要重新安装驱动或更换网卡。

（2）如网卡驱动正确，网卡设备没有损坏，在“网上邻居”的属性中能够看到该网络连接并能够对其 TCP/IP 属性进行配置。在“网上邻居”的属性中能够看到两类图标：①  本地连接 正在识别... Intel(R) 82566MM Gigabit Net... 表示网卡已经插好了网

络电缆；② 本地连接 网络电缆被拔出 Intel(R) 82566MM Gigabit Net... 表示网卡的网络电缆没有插好。

（3）网络电缆没有插好的故障较容易排查，一般情况下是对网卡所连接的电缆进行检查，查看水晶头是否损坏，水晶头的制作是否标准，将网线重新插入网卡。如故障仍未解决，需通过跳线面板号或网线标记查找连接交换机的那个水晶头，同样对线路的端点进行检查，对该线路使用“网络测线仪”进行测试，保证8根线路的传输信号都没有问题。

（4）如果线路测试没有问题就需要更换电脑连接的端口进行测试，如果使用其他端口之后网络恢复正常，则可以判断故障点为交换机端口损坏。对损坏的端口进行标记，联系维修单位或产品供应商进行维修。

（5）若网络连接是 本地连接 正在识别... Intel(R) 82566MM Gigabit Net... 状态，操作系统没有故障，也不存在病毒、恶意软件等其他因素的干扰，则可能是硬件故障引起的网络故障。连接状态的图标能正常显示，能确定网卡没有硬件故障的，并不能确定电脑与交换机之间的线路没有故障。原因是网卡的连接感应线路和数据传输线路是不同的，所以需要对连接线路进行测试，测试工具为“网络测线仪”。网络连接正常又无法正常通信的典型案例是本地连接显示有较多的发送数据，但是没有接收到任何数据，同时也有只接收不能发送的。

（6）对网卡和线路的故障进行了排除之后，余下的硬件问题就只存在于网络环路、交换机、路由器和光纤了。

学习情境三

宽带运营商某片区网络维护

学习目标◎

为了适应宽带业务发展的需要，目前，各大电信运营商都建设了规模庞大的宽带接入网。所谓接入网，也就是所谓的“最后一公里”网络，主要位于电信网络的末端，是连通电信网络与用户终端的纽带。它的运行质量好坏，密切关系到用户的使用感知，对运营商提高业务竞争力有举足轻重的影响。由于接入网络所处的环境比较复杂，网络质量良莠不齐，障碍发生率非常高，维护难度非常大，因此，从实际运营情况来说，宽带接入网络的管理与维护，是各大电信运营商网络运营工作的难点。

本任务考虑到学生的基础和课时的实际情况，主要的学习目标是让同学们了解该片区的网络组网结构，根据网络故障处理流程的引导来解决两类故障问题：

1. 解决 ADSL 客户无法通过认证连接上网问题；
2. 解决 ADSL 连接成功后应用受影响问题。

内容结构

1. 通过与某宽带运营商进行沟通，了解某片区的网络维护需求信息。
2. 根据了解到的维护需求信息，进行详细的需求分析。
3. 根据需求分析结果，对其进行总体设计，即主要进行以下两方面的维护：（1）ADSL 客户无法通过认证连接上网。（2）ADSL 连接成功后应用受影响，受影响的情况如下：①上网常断线；②网速慢；③连接成功但所有网页打不开；④部分网站无法浏览或网页打不开；⑤部分应用不能使用（QQ 聊天、股票证券公司网站、播放器、电影卡、业务应用等）。

4. 针对总体设计的结果进行详细设计，并确立可实施和可操作的维护方案。

5. 网络维护测试，组织验收。

情境描述

宽带网络是保证计算机技术与网络信息技术有效性的基础。随着我国社会经济突飞猛进的发展，宽带网络用户数量大幅度增加，在用户享受宽带网络带来的各种优越性的同时，宽带网络维护也越来越成为迫切需要解决的问题之一。本学习情境主要以宽带运营商某片区的实际网络维护为例，通过两类故障问题的解决来展开本次学习任务。

时间安排表

课时	工作安排	考核结果	备注
0.5	划分工作小组，下发任务书，解读任务书		好的团队是成功的开始
2	针对任务进行用户需求收集，并进行需求分析		
1	绘制某片区网络拓扑图		合理分析的必备条件
1.5	宽带片区网络维护的总体设计		
1.5	宽带片区网络维护的详细设计		
1.5	制订一个可实施的故障诊断方案，并展示		学习效果评价

第一部分　学习准备

第一步　知识准备

一、常用的宽带接入方式介绍

（一）基于普通电话线的（ADSL）接入

ADSL 是全新更快捷、更高效的接入方式，是一种非对称的 DSL 技术。所谓非对称是指用户线的上行速率与下行速率不同，上行速率低，下行速率高，特别适合传输多媒体信息业务，如视频点播（VOD）、多媒体信息检索和其他交互式业务。ADSL 在一对铜线上支持上行速率 512Kbps～1Mbps，下行速率 1Mbps～8Mbps，有效传输距离为 3～5 公里范围，有效解决了经常发生在网络服务供应商和最终用户间的“最后一公里”的传输瓶颈问题。

对于运营商来说，ADSL 技术是一种比较成熟的业务，产生的效益作用是比较明显的。首先，由于 ADSL 是使用普通电话线接入和传输数据的，而电信目前已拥有规模庞大、覆盖面广的 PSTN 固话接入网络，推广使用 ADSL 可以充分利用这一优势战略资源，防止之前固话建设巨额投资的过早流失和贬值。其次，它可以与普通电话共存于一条线上，在一条普通电话线上接听、拨打电话的同时又能进行数据传输，两者互不影响。不过，作为一种铜缆接入的业务，ADSL 接入也有较大的缺点，特别是对传输电缆和线路的依赖比较强，受传输距离和外界环境（线路受潮、电磁干扰等）的影响较大，造成 ADSL 接入网络的故障率偏高，维护压力偏大。目前，ADSL 被中国电信、中国联通等大型电信运营商广泛采用，是当前最受普通用户欢迎的宽带接入方式。

（二）基于 CATV 网的 Cable Modem 接入

Cable Modem 方案是基于 HFC（Hybrid Fiber Coaxial，光缆同轴混合）为基础的、介于全光纤网络和早期 CATV 同轴电缆网络之间的一种接入方案，它具有频带宽、用户多、传输速率高、灵活性和扩展性强及经济实用的特点，为实现宽带综合信息双向传输提供了可能。Cable Modem 业务，通过有线电视网络进行高速数据传输，因此数据带宽非常大，从网上下载信息的速度比普通的窄带 Modem 快 1 000 倍，其传输速度范围可以从 500Kbps 到 10Mbps。但是，这种业务一个较大的缺点是共享用户数的增多，会减小每个用户的可用数据带宽，对用户的使用感知度有很大的影响。

目前在我国该业务主要由有线电视运营商进行推广，如各类有线宽频业务。

（三）基于光缆的无源光纤接入（PON）

无源光网络 PON（Passive Optical Network），指基于光缆接入（FTTx）方式的一种接入技术。PON 网络真正实现了光纤到户接入，光纤直接布放到用户的房间或者所在的大楼，用户只需要一个光 Modem，就能实现电话、上网、IPTV 等的多业务统一接入。而且光纤不容易受到外界的影响，运行稳定，故障率低，维护简单，造价投资也相对铜缆较低。因此这种结构可以经济地为居家用户服务。

目前用于宽带接入的 PON 技术主要有 EPON 和 GPON。随着 PON 成本的逐步降低，利用 PON 来实现 FTTH 在发达国家也取得了很大的进展。

在我国，PON 技术的应用也有一定的发展，但是由于建设成本较大，目前只有中国电信等大型运营商在高端楼盘中使用。

二、要熟悉所维护小区的网络设备和拓扑结构

（1）熟悉网络设备的上、下联设备都是哪些设备，具体位置情况等。

（2）熟悉网络正常运行时的状态、使用效率以及网络资源的分配情况等。

（3）请同学们参考图 3－1 所示的普通用户虚拟拨号接入 ADSL 的拓扑图，绘制出所维护小区的宽带拓扑图。

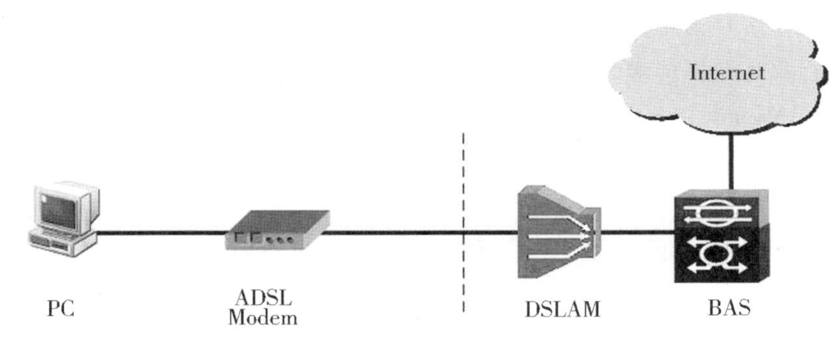

图 3－1　普通用户虚拟拨号接入 ADSL 拓扑图

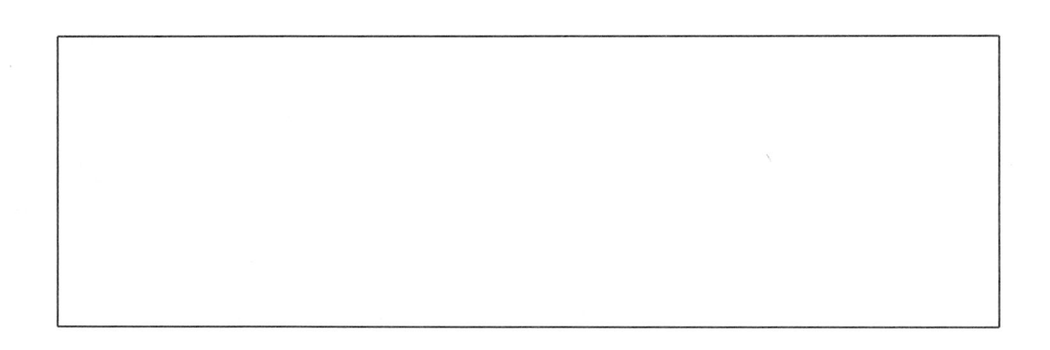

三、用户终端接入故障分类

本次维护的小区是电信运营商提供的宽带服务，其用户终端接入故障一般分为两大类，即 ADSL 故障和 LAN 故障，如图 3－2 所示。

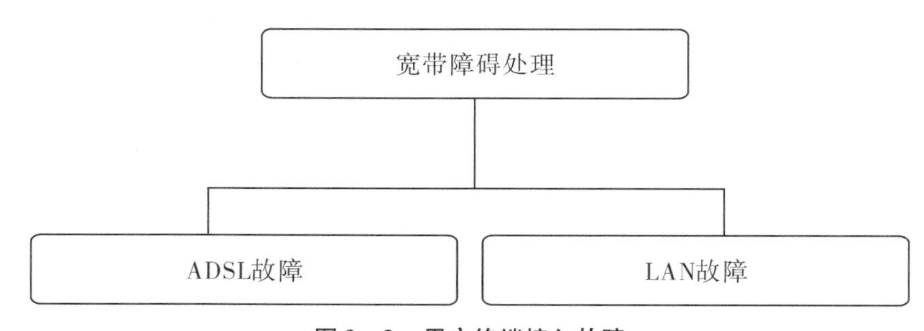

图 3－2　用户终端接入故障

第二步　基础知识和技能检查

（1）请同学们上网查资料和讨论，补充广州地区的宽带接入方式和宽带运营商。

____

____

____

____

（2）根据以上知识准备和参考普通用户虚拟拨号接入 ADSL 拓扑图，将小区的宽带维护拓扑图画在下面的方框中。

第二部分　计划与实施

第一步　需求分析

按照预先分好的组，让同学们分别深入到学校行政办公室与工作人员进行详细面谈，并做好记录，收集工作人员在使用网络的过程中碰到的问题。以下列举部分问题，后面希望同学们继续补充。

（1）ADSL 客户无法通过认证连接上网。

（2）ADSL 连接成功后应用受影响，受影响的情况如下：

①上网常断线；

②网速慢；

③连接成功但所有网页都打不开；

④部分网站无法浏览或网页打不开；

⑤部分应用不能使用（QQ 聊天、股票证券公司网站、播放器、电影卡、业务应用）。

请同学们将需要补充的内容填写到下面：

____

____

____

____

第二步　宽带运营商片区网络维护总体设计

根据客户和宽带运营商反映的种种故障现象，现进行故障流程处理总体设计，如图 3－3 所示。

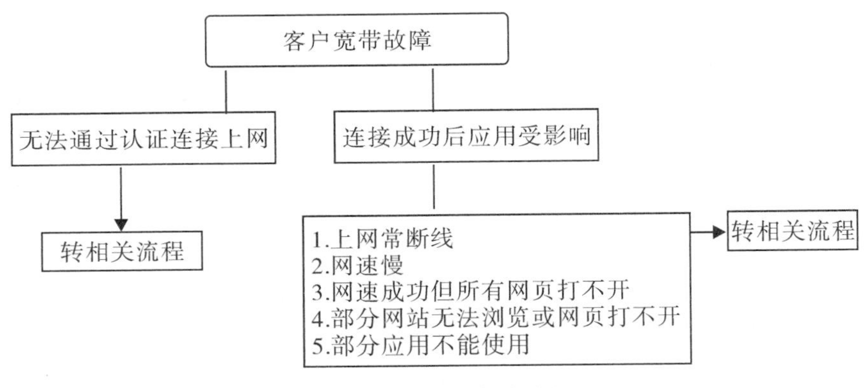

图 3－3　客户宽带故障流程图

一、“无法通过认证连接上网”的原因分析

ADSL 客户无法通过认证上网的原因有哪些呢？请同学们回答并补充，以下 8 种情况仅供同学们参考。

（1）线路问题；

（2）分离器接法是否正确；

（3）Modem 是否有故障；

（4）客户微机硬件问题（网卡问题）；

（5）客户微机软件问题（客户端、防火墙等第三方软件影响）；

（6）客户账户状态（欠费、非正常下线、账户已登录）；

（7）系统设置问题；

（8）局端设备问题。

二、排障流程的设计

根据以上故障的情况分析，现要求同学们理解如图 3－4 所示的排障流程，并按照流程步骤进行操作。

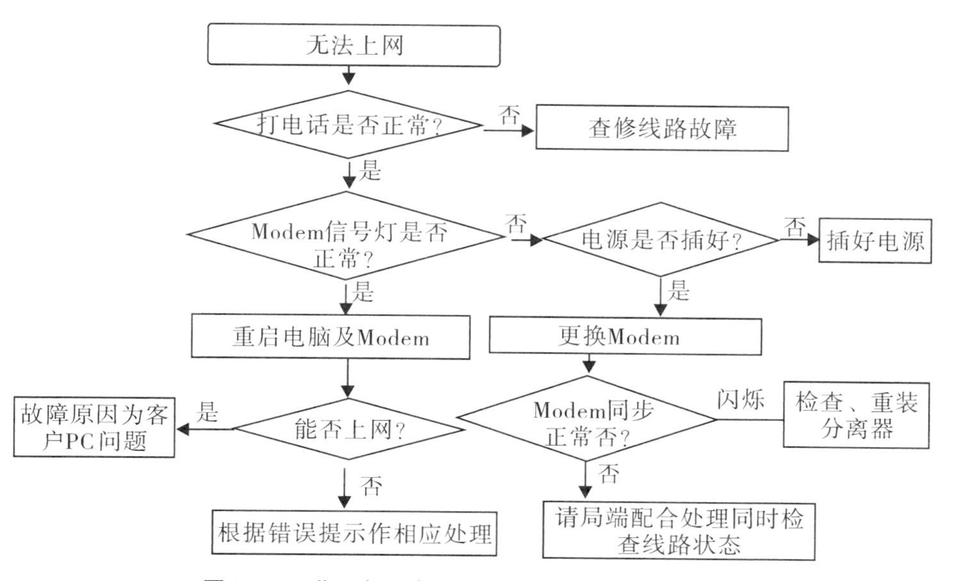

图 3－4 “无法通过认证连接上网”的排障流程图

请同学们分小组讨论思考，对该流程是否有疑惑，并做好记录：

____

____

____

____

三、排障步骤

1. 步骤一：查看是否安装客户端、打电话是否正常

（1）如果客户端没有安装，则安装客户端；

（2）如果打电话不正常，则为线路问题，查找线路故障；

（3）如果打电话正常，则转步骤二。

请同学们按照以上提示要求进行操作，并做好记录：

____

____

____

____

2. 步骤二：检查 Modem 的信号灯是否正常

（1）如果 Modem 包括电源灯在内所有状态灯不亮，则可能是电源问题或是 Modem 故障。检查电源是否插好，电源如果插好，更换一个好的 Modem 试试，如果正常，说明是 Modem 损坏，需要更换；

（2）如果 Modem 同步灯闪烁，检查分离器接法是否正确，重新安装分离器；

（3）如果 Modem 同步灯仍不正常，请局端配合处理，同时检查线路状态；

（4）如果 Modem 状态灯都正常，则进入步骤三。

请同学们按照以上提示要求进行操作，并做好记录：

____

____

____

____

3. 步骤三：重启电脑和 Modem，看故障是否依然存在

（1）如果故障消失，处理结束；

（2）如果故障依然存在，则转入步骤四（根据错误提示）处理。

请同学们按照以上提示要求进行操作，并做好记录：

____

____

____

____

4. 步骤四：根据错误提示进入下一处理流程

（1）DHCP 和 PPPOE 认证方式分别有不同的错误提示，下面我们首先看 DHCP 认证方式的错误提示，如图 3－5 和图 3－6 所示。

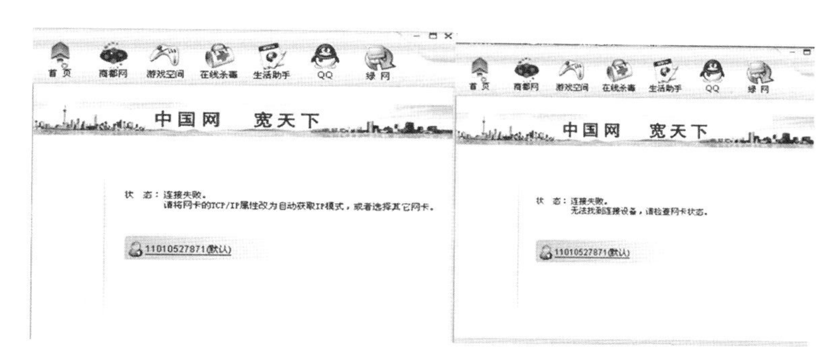

图 3－5　DHCP 认证错误提示一

图 3－6　DHCP 认证错误提示二

（2）PPPOE 上网拨号时的错误提示：

①错误 691；

②错误 623；

③错误 678；

④错误 645；

⑤错误 720；

⑥错误 721；

⑦错误 718；

⑧错误 734/错误 735；

⑨错误 769/错误 651。

第三步　故障解决的详细设计

一、“登录后，提示账号与密码不符”故障解决

（一）排障步骤

（1）确认用户是否欠费，验证用户名密码的正确性，核对用户名大小写是否正确；确认用户名最后有没有多余的空格，确认密码是否正确。

（2）确认开启客户端“防伪 DHCP”功能。

（3）重新配置账户或卸载客户端软件，再重新下载安装客户端。

（二）故障处理流程

“登录后，提示账号与密码不符”的处理流程如图 3－7 所示。

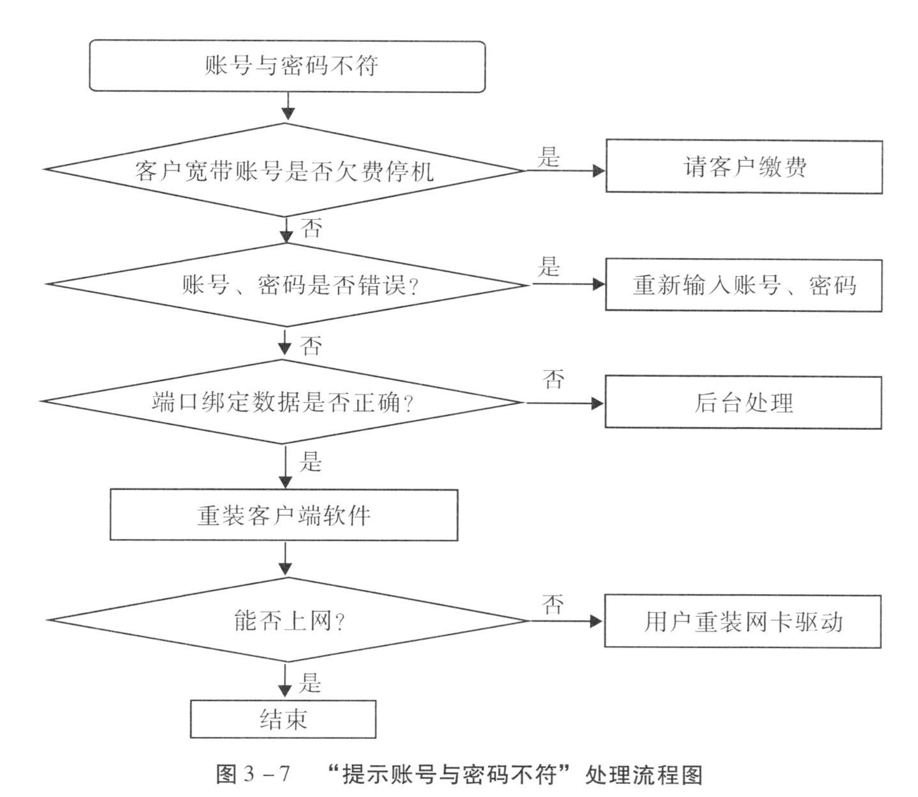

图3－7　“提示账号与密码不符”处理流程图

二、“提示拨号连接失败”故障解决

(一) 排障步骤

1. 步骤一：了解小区内是否有施工、割接工作在进行

(1) 如果有，则向客户解释我们的技术人员正在处理中，请稍后再试；

(2) 如果无，则进入下一步继续处理。

2. 步骤二：检查 Modem 信号灯是否正常

(1) 如正常，则进入步骤三；

(2) 如不正常，检查电话线是否可用，分离器连接是否正确，如果所有电话都不可以使用，则按线路故障处理。

3. 步骤三：查看是否有防火墙或第三方软件

(1) 如有则关闭防火墙及第三方软件后再试，如果故障解决，排障结束；

（2）如果故障依旧存在，则进入步骤四继续处理。

4. 步骤四：确认是否获得正确的内网地址（10. *）

如果得到了错误的 192. 168. 0. x，无法释放掉地址，请重新启动。

5. 步骤五：检查网卡状态，禁用、启用网卡，拔插网线

（1）如果故障解决，排障结束；

（2）如果故障依旧存在，则进入步骤六继续处理。

6. 步骤六：请客户在条件具备情况下（客户有客户端软件、安装光盘），删除客户端软件及网卡驱动，再重新安装网卡驱动后安装客户端软件

（1）如果故障解决，排障结束；

（2）如果故障依旧存在，则进入步骤七继续处理；

7. 步骤七：还原系统

（二）故障处理流程

“提示拨号连接失败”的处理流程如图 3－8 所示。

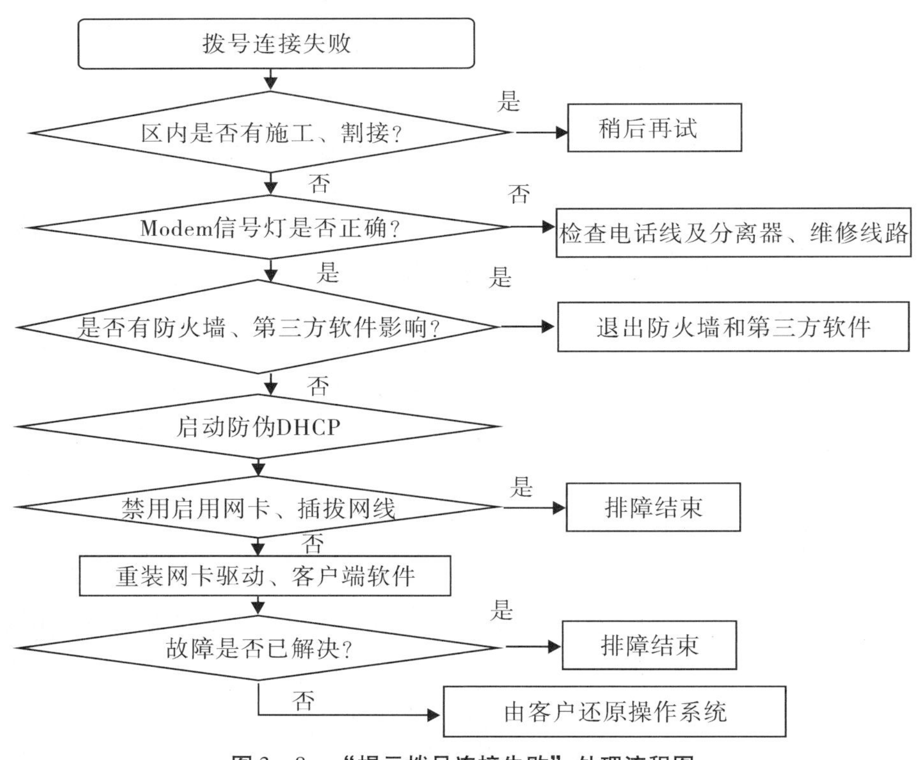

图 3－8　“提示拨号连接失败”处理流程图

三、“客户端提示‘未检测到网卡信息，请检查网卡是否已启用’”故障解决

(一) 排障步骤

(1) 检查网卡是否被禁用，请重新启用网卡（若用户装有两块以上的网卡，请选择和 Modem 相连的网卡）；

(2) 重新安装网卡驱动程序；

(3) 卸载客户端软件，下载最新的客户端软件。

(二) 故障处理流程

客户端提示“未检测到网卡信息，请检查网卡是否已启用”故障的处理流程如图 3 –9 所示。

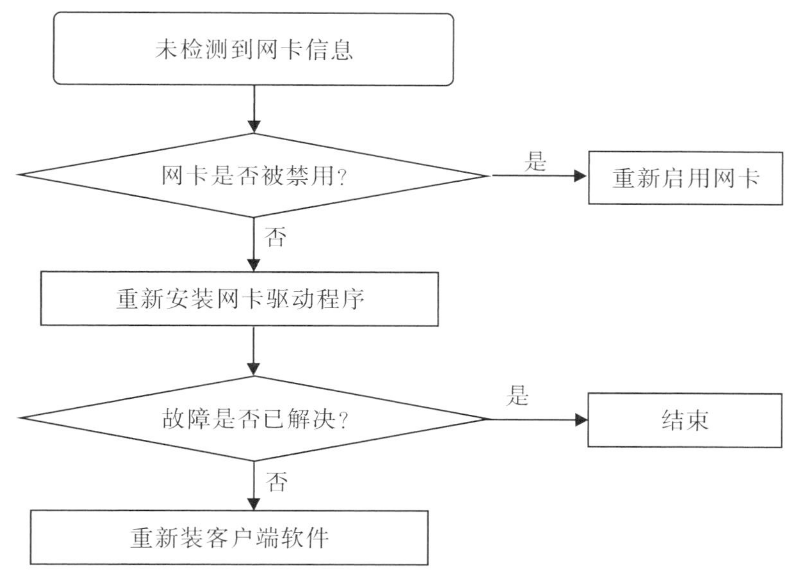

图 3 –9　“未检测到网卡信息，请检查网卡是否已启用”处理流程图

四、“点击图标没有任何反应”的故障解决

(一) 排障步骤

(1) 确认 Windows 登录用户是否具备管理员（Administrator）权限，特别

在 Windows 2000 和 Windows XP 下，需要用 Administrator 权限才能使用客户端；

（2）查看是否有防火墙或第三方软件，如有则关闭防火墙及第三方软件；

（3）请卸载客户端软件，下载安装最新的客户端。

（二）故障处理流程

“点击图标没有任何反应”故障的处理流程如图 3－10 所示。

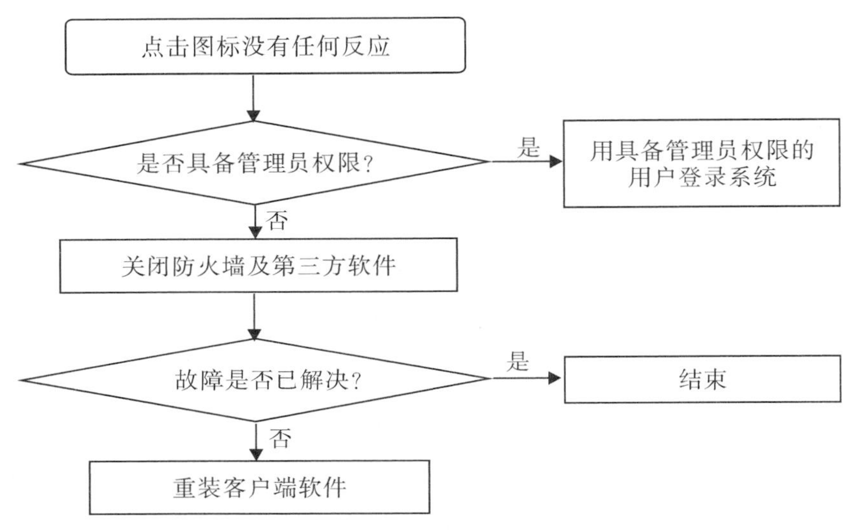

图 3－10　“点击没有任何反应”的处理流程图

五、“错误 691（由于域上的客户名或密码无效而拒绝访问）”故障解决

（一）排障步骤

1. 步骤一：通过后台支撑系统查询客户宽带账号状态：正常、欠费停机等

（1）如果欠费停机，则向客户说明欠费情况；

（2）如果账号状态正常，则转入步骤二继续处理。

2. 步骤二：通过后台支撑系统查询客户提供账号与密码是否正确

（1）如果客户提供账号和密码不正确，帮助客户修改账号和密码，再告知客户正确密码，让客户重新输入账号和密码；

（2）如果客户提供的账号和密码正确，则进入步骤三继续处理。

3. 步骤三：查询账号与端口绑定数据是否正确

（1）如果绑定数据有错，则请后台协助处理；

（2）如果绑定数据正确，则进入步骤四处理。

4. 步骤四：经过查询局端设备正常，可能电脑客户端软件故障，客户需重装客户端软件

（1）如果重装客户端软件后正常，则故障处理完成；

（2）如果不正常，建议客户重装网卡驱动、恢复系统。

（二）故障处理流程

"错误 691"故障的处理流程如图 3－11 所示。

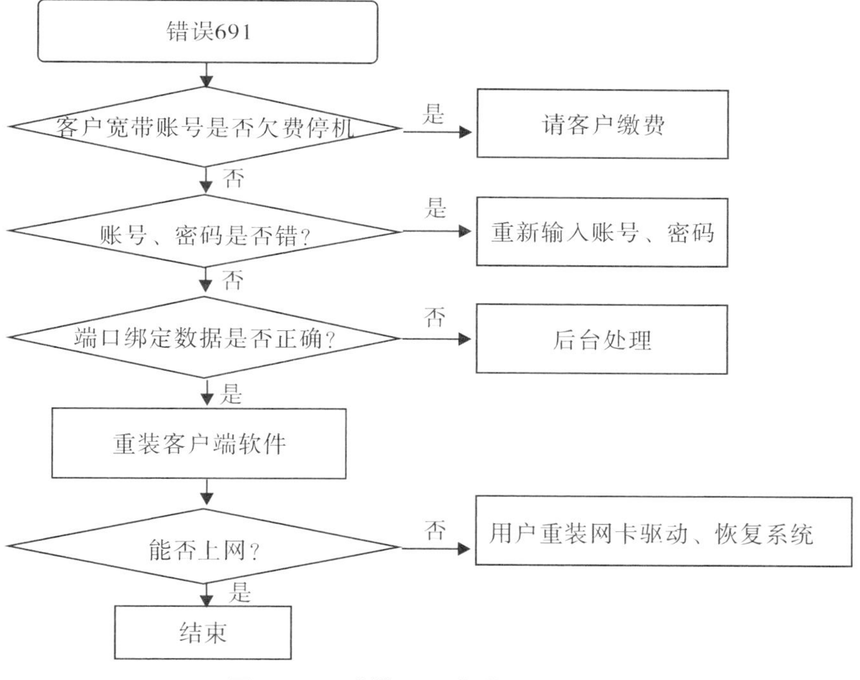

图 3－11 "错误 691"的处理流程图

六、“错误 623（找不到电话簿项目）”故障解决

（一）排障步骤

1. 步骤一：了解区内是否有施工、割接工作在进行

（1）如果有，则向客户解释我们的技术人员正在处理中，请稍后再试；

（2）如果无，则进入下一步继续处理。

2. 步骤二：查看是否有防火墙或上网助手等第三方软件，如有则退出防火墙及上网助手等第三方软件后再试

（1）如果故障解决，说明是客户软件问题；

（2）如果故障依旧存在，则进入下一步继续处理。

3. 步骤三：检查网卡状态并拔插网线

（1）如果故障解决，结束；

（2）如果故障依旧存在，则进入下一步继续处理。

4. 步骤四：在条件具备情况下（有客户端软件、安装光盘）删除客户端软件及网卡驱动，再重新安装网卡驱动后安装客户端软件

（二）故障处理流程

“错误 623”故障的处理流程如图 3－12 所示。

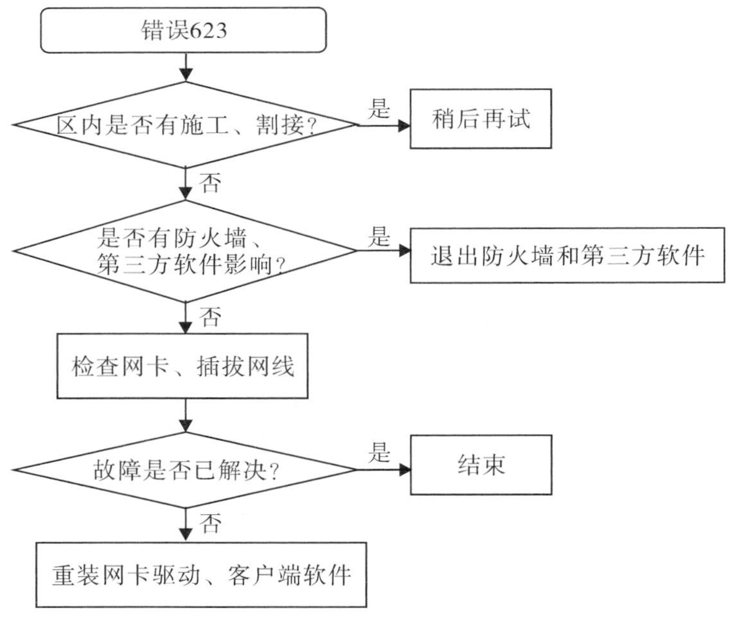

图 3－12 “错误 623”的处理流程图

七、“错误 720（常见于 Windows XP 系统）”故障解决

（一）排障步骤

此现象常见于 Windows XP 系统，解决方法是将系统重新启动后再重新拨号上网：

（1）如果故障解决，故障处理结束；

（2）如果故障依旧，则建议客户还原系统或将系统格式化后重装。

（二）故障处理流程

“错误 720”故障的处理流程如图 3－13 所示。

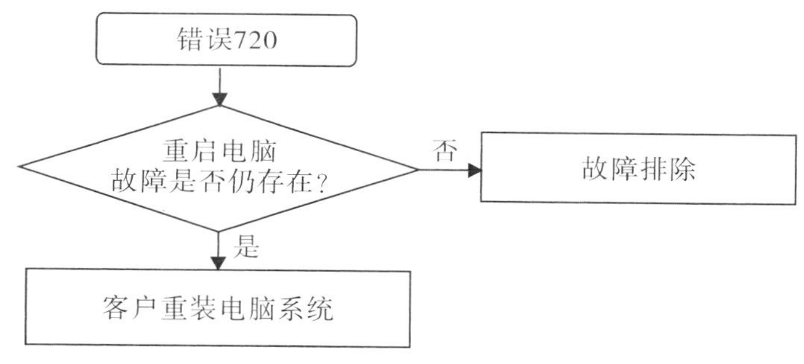

图 3－13　“错误 720”的处理流程图

八、“错误 721（远程计算机没有响应）”故障解决

（一）排障步骤

此现象多为 USB 接口 Modem 故障代码，可依照以下步骤进行处理：

（1）判断 Modem 信号灯是否同步；

（2）信号灯不同步，检查分离器是否接反；

（3）检查电话线是否可用。

（二）故障处理流程

“错误 721”故障的处理流程如图 3－14 所示。

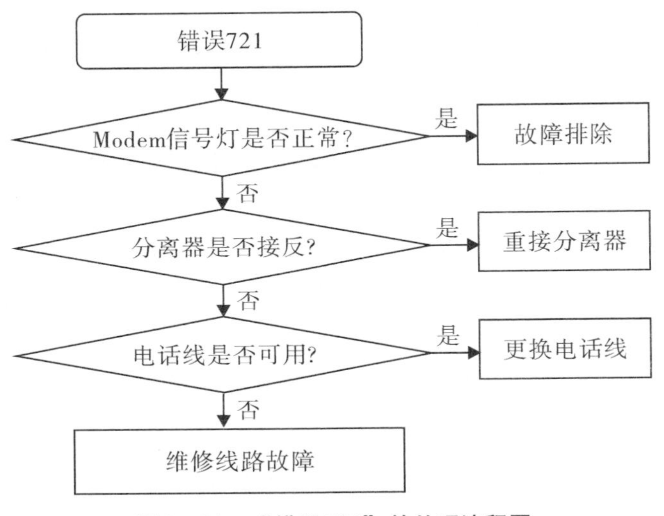

图 3－14　“错误 721”的处理流程图

九、“错误 734（PPP 连接控制协议被终止）”和“错误 735（请求的服务器地址被拒绝）”故障解决

（一）排障步骤

此现象多为 USB 接口 Modem 故障代码，可依照以下步骤进行处理：

（1）重新启动电脑；

（2）客户端软件出错，重装客户端软件，常见于 XP 系统。

（二）故障处理流程

“错误 734”和“错误 735”故障的处理流程如图 3－15 所示。

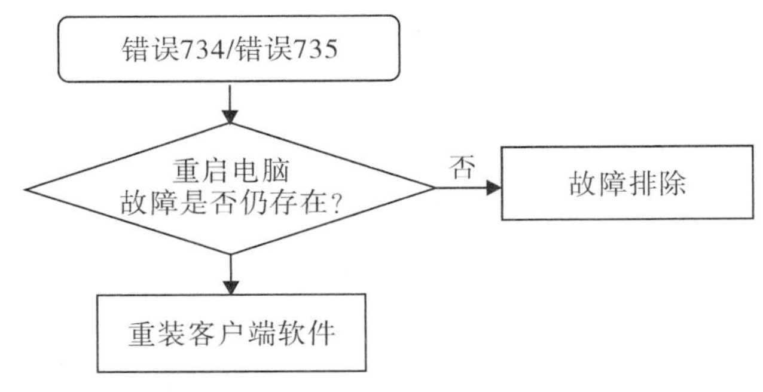

图 3－15　“错误 734”和“错误 735”的处理流程图

十、“错误 769（无法到达指定的目标地址）”和“错误 651（调制解调器报告一个错误）”故障解决

（一）排障步骤

错误 769 和错误 651 现象均为网卡驱动程序（或 USB Modem 驱动程序）故障造成，错误 769 常见于 Windows XP 系统，错误 651 常见于 Windows 2000 系统，处理步骤如下：

1. 步骤一：检查网卡状态

（1）如果是网卡被禁用，则启用网卡；

（2）如果网卡状态正常，则进入步骤二继续处理。

2. 步骤二：重新安装网卡驱动程序

（1）如果问题解决，排障结束；

（2）如果问题依旧，进入步骤三继续处理。

3. 步骤三：如果重新安装网卡驱动程序后仍不能恢复正常，则一般情况下是网卡损坏，建议用户更换

（二）故障处理流程

“错误 769”和“错误 651”故障的处理流程如图 3－16 所示。

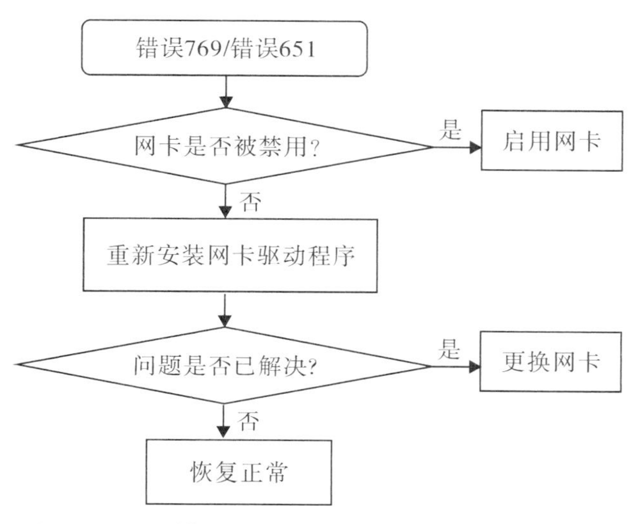

图 3－16 “错误 769”和“错误 651”的处理流程图

十一、“错误678（远程计算机没响应）”故障解决

（一）排障步骤

1. 步骤一：了解区内是否有施工、割接工作在进行

（1）如果有，则向客户解释我们的技术人员正在处理中，请稍后再试；

（2）如果无，则进入步骤二继续处理。

2. 步骤二：检查 Modem 信号灯是否正常

（1）如正常，进入步骤三；

（2）如不正常，检查电话线是否可用，分离器连接是否正确，如果所有电话都不可以使用，则按线路故障处理；

3. 步骤三：查看是否有防火墙或上网助手等第三方软件，如有则关闭防火墙及上网助手等第三方软件后再试

（1）如果故障解决，排障结束；

（2）如果故障依旧存在，则进入步骤四继续处理。

4. 步骤四：检查网卡状态，禁用、启用网卡，拔插网线

（1）如果故障解决，排障结束；

（2）如果故障依旧存在，则进入步骤五继续处理。

5. 步骤五：在条件具备情况下［客户有客户端软件、安装光盘（Windows 98 要备有网卡驱动盘］删除客户端软件及网卡驱动，再重新安装网卡驱动后安装客户端软件

（1）如果故障解决，排障结束；

（2）如果故障依旧存在，则进入步骤六继续处理。

6. 步骤六：建议用户重装系统

（二）故障处理流程

请同学们根据（一）中的“排障步骤”，设计一个关于错误678的故障处理流程，同学们可以参考以上流程的设计。

第四步 故障的综合处理

问题一：请同学们通过讨论和查阅资料等，了解“错误718”故障

（一）“错误718”是什么故障

（二）请同学们设计一个“错误718”故障处理的步骤

（三）请同学们设计一个“错误718”故障处理流程

问题二：ADSL连接成功后能上网，但出现上网经常掉线的现象

（一）请同学们通过讨论和查阅资料等，对“ADSL连接成功后上网常掉线”的问题进行分析和讨论，将分析和讨论的结果填写于下列空白框中

分析与讨论结果：

（二）对上述故障处理步骤建议如下，如果有需要改进的地方，请写在下方的空白框中

1. 步骤一：询问用户是否是在每天的某一段时间断线

（1）是，则是由于外界干扰引起的断线，应查找干扰；

（2）否，转“步骤二”处理。

2. 步骤二：询问用户是否是在访问某一个固定网站时断线

（1）是，则是该网站的问题；

（2）否，转“步骤三”处理。

3. 步骤三：检查是否有组建内网

（1）有，则接入单机测试后进入步骤四；

（2）无，转“步骤四”处理。

4. 步骤四：ping 本地网站测试

（1）若出现丢包太多，则需检查室内连接是否正确？线路状态是否符合要求；

（2）若正常，则转“步骤五”处理。

5. 步骤五：在上网同时打开 DOS 界面，ping 本地网站测试

（1）如果 ping 值正常，则说明可能是由网站服务器拥塞等情况导致；

（2）如果 ping 值不正常，且 Modem 的信号灯正常，则请客户杀毒、重装系统或检修电脑。

改进建议：

（三）根据（二）中的处理建议步骤，现设计处理流程如图 3－17 所示，将流程图中的处理节点 1、2、3、4 后填写上合适的文字内容

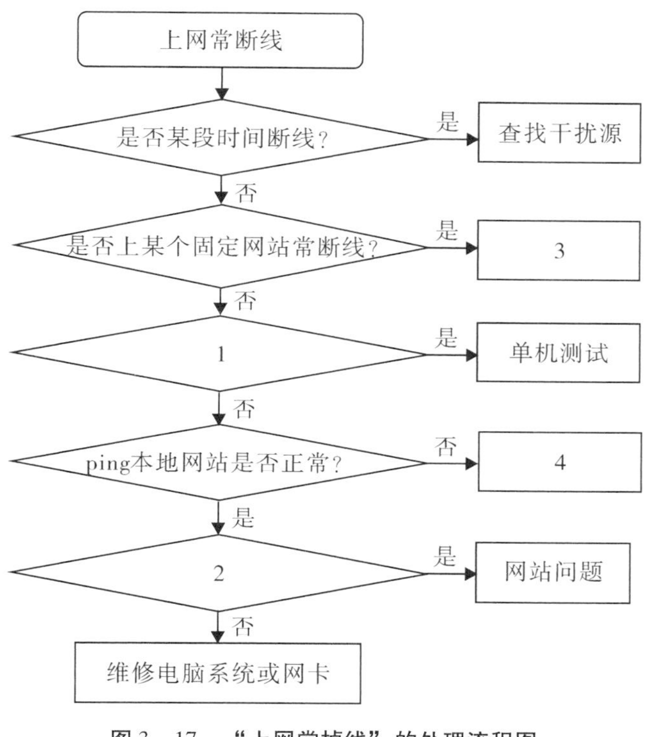

图 3－17 “上网常掉线”的处理流程图

1. ______________________________
2. ______________________________
3. ______________________________
4. ______________________________

问题三：ADSL 连接成功后上网速度比较慢，明显不正常

（一）对于“上网速度比较慢，感觉明显不正常”情况的分析

对于引起网速慢的原因是相当复杂的，线路问题、用户终端问题、访问

网站问题等，都可能引起网速慢。

1. 线路原因：如线路串扰，需注意几点

（1）线路上不能并分机，电话只能从分离器 PHONE 端口引出；

（2）线路上的接头一定要接好，特别是用户室内接头；

（3）如果从分线盒内出来电话线太长，应将平行线换成双绞线，提高线路抗干扰能力。

2. 环境原因：如线路附近有较强的噪声干扰源或较恶劣天气情况等

3. 用户端设备原因：主要是指用户端的 Modem 及计算机等硬件设备。

（1）Modem 处于长期加电状态过热等；

（2）用户计算机设备配置低或感染病毒等。

请同学们通过讨论和查阅资料等信息，对“对于上网速度比较慢，明显不正常”的问题进行分析和讨论，针对上面的情况分析进行补充，填写于下列空白框中。

补充内容：

（二）对上述故障处理步骤建议如下，如果有需要改进的地方，请写在下方的空白框中

1. 步骤一：查看客户申请的宽带运营商；

2. 步骤二：到本地网站（如 www. shangdu. com）上测速；

3. 步骤三：对比测速结果与客户申请的带宽，判断测速数据是否正常，如果不正常则转入步骤四；

4. 步骤四：拔掉所有电话机后，重启 Modem，查看同步速率（网管测试）

（1）如果同步速率正常，则说明上网速率慢是由于分机及分离器连接不正确导致的。正确连接分机及分离器，故障排除；

（2）如果同步速率仍不正常，则为线路问题。按照线路故障进行排除。

5. 步骤五：如果确认局端和线路都正常，用户端连接也正常，则可将故障点确定在用户电脑上。通过杀毒或重装系统的办法解决

改进建议：

（三）根据（二）中的处理建议步骤，现设计处理流程如图 3－18 所示，在流程图中的处理节点 1、2、3 后填写上合适的文字内容

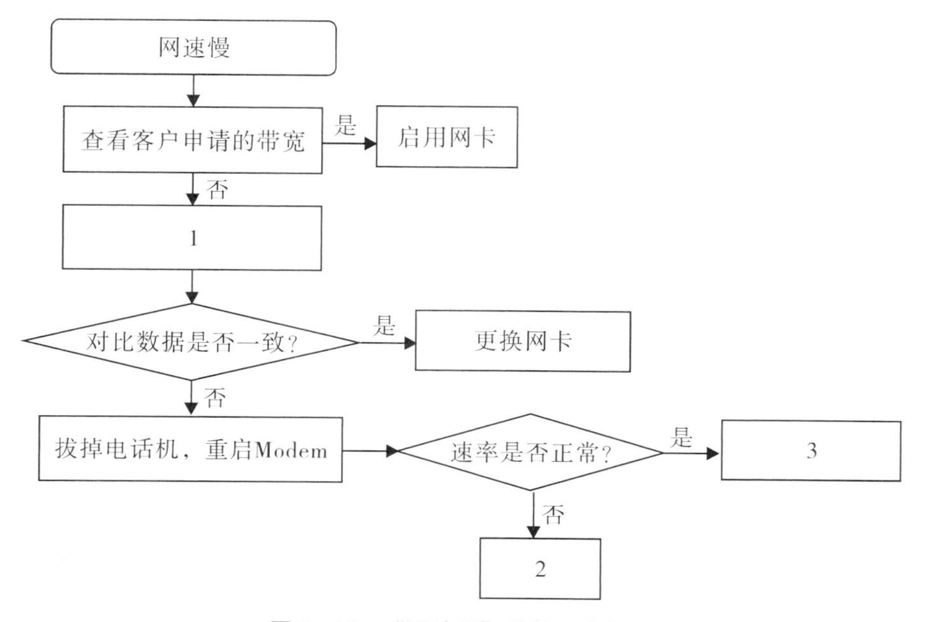

图 3－18 “网速慢”的处理流程图

1. ______________________________

2. ____________________

3. ____________________

问题四：ADSL 连接成功后所有网页都打不开

（一）请同学们通过讨论和查阅资料等，对“ADSL 连接成功后所有网页都打不开”的问题进行分析和讨论，将分析和讨论的结果填写于下列空白框中

分析与讨论结果：

（二）对上述故障处理步骤建议如下，如果有需要改进的地方，请写在下方的空白框中

1. 步骤一：查看小区内是否有施工、割接工作在进行

（1）如果有，则向客户解释我们的技术人员正在处理中，请稍后再试；

（2）如果没有，查看 IE 安全级别、DNS 设置问题，转入步骤二。

2. 步骤二：将防火墙及第三方软件关闭退出后进行访问网页测试

（1）如果测试正常，则说明可能是客户的电脑软件问题导致无法正常打开网页；

（2）如果仍不能上网，则转入步骤三。

3. 步骤三：ping DNS 服务器，判断 ping 结果是否正常

（1）如果 ping 服务器结果正常，QQ 等除 IE 之外的上网软件都可以使用，则说明无法打开网页可能是由于 IE 问题导致，修复 IE；

（2）如果 ping 服务器结果正常，所有的上网软件均无法使用，则说明无法打开网页是由于客户电脑系统问题导致，由客户请电脑公司人员检查系统。

改进建议：

（三）根据（二）中的处理建议步骤，现设计处理流程如图 3－19 所示，将流程图中的处理节点 1、2、3 后填写上合适的文字内容

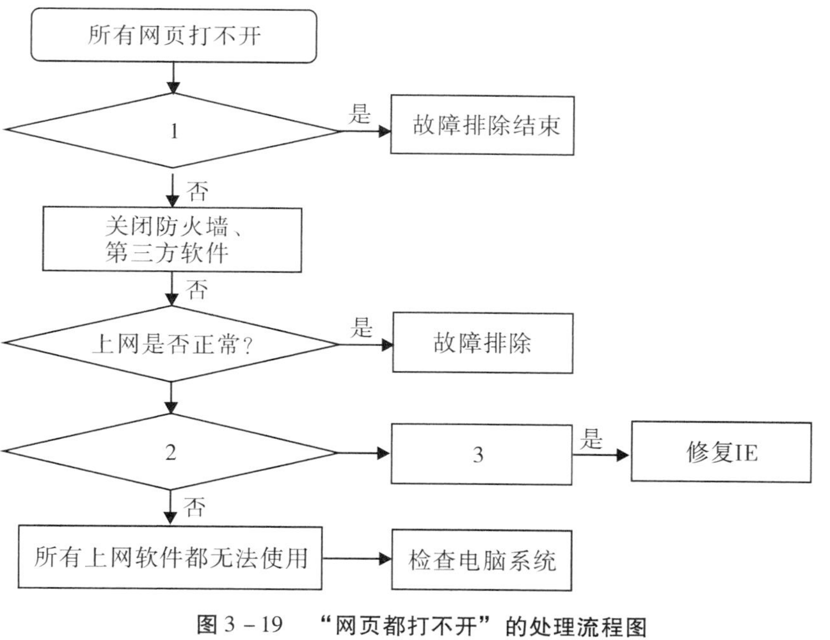

图 3－19 “网页都打不开”的处理流程图

1. ______

2. ______

3. ______

综合案例：ADSL 连接成功后部分业务不能使用的处理

（一）处理步骤

1. 步骤一：询问用户其他上网业务是否正常使用

（1）所有上网业务不能处理，转到 ADSL 故障处理流程；

（2）只是视频点播或聊天有问题，进入步骤二继续处理。

2. 步骤二：询问用户是播放经常出现缓冲现象还是无法播放

（1）经常出现缓冲，进入步骤三继续处理；

（2）所有网站的影片无法播放，检查电脑系统的播放软件及相关插件等安装是否正确；

（3）部分网站的影片无法播放，则建议用户询问影片服务提供商。

3. 步骤三：到本地网站测试速度，并判断用户网速是否正常

（1）如果网速正常，说明是片源本身的问题，建议用户询问影片提供服务商；

（2）如果测试速率低，则进入步骤四继续处理。

4. 步骤四：检查分离器及分机连接是否正常

（1）分离器及分机连接不正确，则正确连接分离器及分机；

（2）分离器及分机连接正确，进入步骤五继续处理；

（3）线路接触不良如图 3－20 所示。

图 3－20　线路接触不良图例

5. 步骤五：查看用户是否组建局域网

（1）有组建局域网，进入步骤六继续处理；

（2）没组建局域网，按线路故障处理。

6. 步骤六：单机测试（关闭所有其他无关应用），单机测试正常，则向用户说明上网慢的原因可能是用户内部组网问题

（二）“部分业务不能使用”完整处理流程如图 3－21 所示

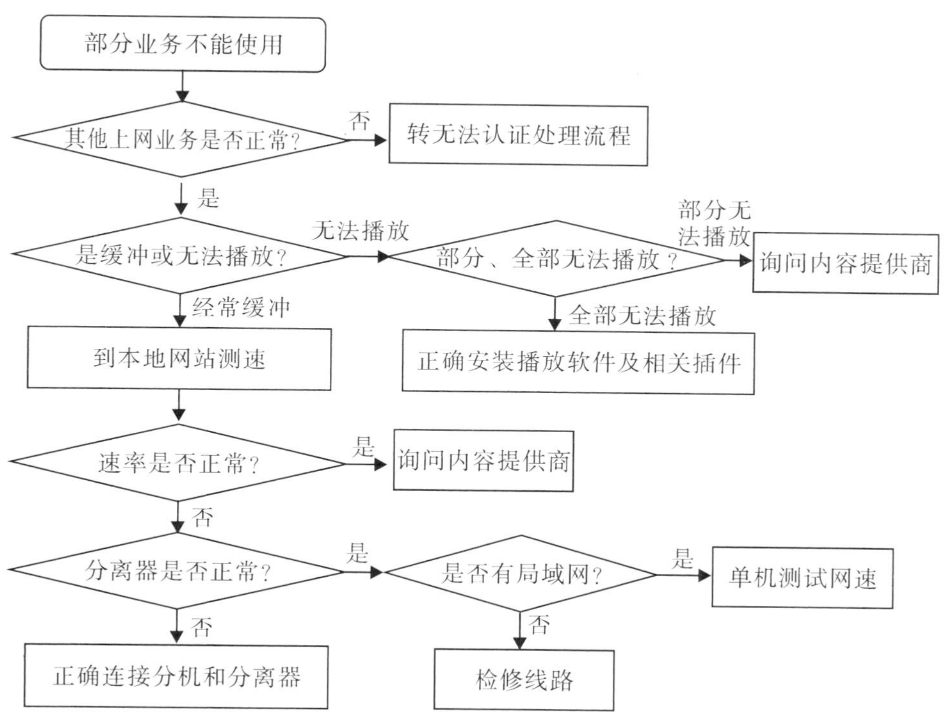

图 3－21　“部分业务不能使用”的处理流程图

第三部分　总结与反馈

一、工作过程经验记录与总结

工作过程经验记录与总结如表 3－1 所示：

表 3－1　工作过程经验记录与总结

笔记	
自我评价	任务实施情况，请自我评价__________ A. 非常好（91～100 分）　B. 比较好（81～90 分）　C. 一般（66～80 分） D. 不太好（51～65 分）　E. 基本完成不了（50 分或以下）
任务总结	在这次的任务学习中，你遇到什么困难？在哪些方面需要进一步改进？ 签名：　　　　日期：

二、学业评价表（工作验收标准）

见表 3－2，即“宽带运营商某片区网络维护”学业评价表。

表 3－2　“宽带运营商某片区网络维护”学业评价表

考核项目	考核内容	配分	考核要求及评分标准	得分
学习准备	基础知识与技能检查	15 分	对应技能的完成情况	
计划与实施	需求分析	10 分	需求分析的完成情况	
	总体设计	10 分	原因分析	
		15 分	流程设计和排障步骤	
	详细设计	20 分	详细设计的任务完成情况	
	综合故障处理	25	综合故障的任务处理	
总结与反馈	方法与流程	5 分	方法和流程掌握情况	
	总结与展示		对本任务的学习总结和展示	
总分			组长签名：	

参考文献

[1] 代树强．计算机网络日常维护［J］．电子科学，2010（2）．

[2] 田青波，刘娜，张平芳．计算机网络故障分类诊断［J］．软件导刊，2010（1）．

[3] 庄友军．计算机网络安全管理［J］．电脑知识与技术，2010（1）．

[4] 傅献华．浅谈计算机病毒的特征与防御［J］．陕西气象，2004（5）．

[5] 高希新．浅析计算机网络安全与日常维护措施［J］．信息科技，2009（18）．

[6] 黄高峰，吴瑞．网络常见故障的分类诊断［J］．大众科技，2006（8）．

[7] 卢振侠，申继年，倪伟．实用局域网组建、管理与维护职业教程［M］．北京：电子工业出版社，2010.

[8] 王彬．局域网管理与故障诊断——网络管理［M］．北京：清华大学出版社，2011.